徐丽 ----- 主编

# 图解
## 服装缝纫知识

100 问

U0301582

化学工业出版社

·北京·

# 内 容 简 介

本书全面地介绍了服装缝制的基本知识和技巧、新的缝纫要领和方法以及适用于某些织物的特殊缝制技术，同时详细地介绍了裁剪纸样的用法。本书还特别介绍了专业人员与缝纫爱好者在缝制衣服时细节上的差异。

本书内容实用，通俗易学，适用于服装裁剪、制作行业的从业人员和对服装裁剪、制作感兴趣的大众读者。

**图书在版编目（CIP）数据**

图解服装缝纫知识 100 问 / 徐丽主编． —北京：化学工业出版社，2021.12

ISBN 978-7-122-40049-9

Ⅰ．①图… Ⅱ．①徐… Ⅲ．①服装缝制－图解 Ⅳ.①TS941.634-64

中国版本图书馆 CIP 数据核字（2021）第 206221 号

责任编辑：张　彦　　　　　　　　　　美术编辑：王晓宇
责任校对：张雨彤　　　　　　　　　　装帧设计：水长流文化

出版发行：化学工业出版社（北京市东城区青年湖南街 13 号　邮政编码 100011）
印　　装：大厂聚鑫印刷有限责任公司
787mm×1092mm　1/16　印张 8¼　字数 180 千字　2022 年 1 月北京第 1 版第 1 次印刷

购书咨询：010-64518888　　　　　　　　　售后服务：010-64518899
网　　址：http://www.cip.com.cn
凡购买本书，如有缺损质量问题，本社销售中心负责调换。

定　　价：49.80 元

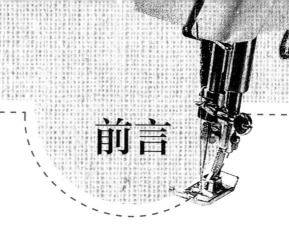

# 前言

缝纫术从基本的技术开始。本书向您介绍每一个从事缝纫作业的人员需要具备的基础知识。

首先要考虑的是缝纫设备。新型的工具和缝纫辅助手段使服装的缝制变得比以往更快、更容易。许多缝纫机能自动缝制之字形针迹、弹力拉伸针迹、锁纽孔，甚至可以利用计算机技术为针迹设计程序。以往在服装缝制中必不可少的而且费时的手工缝制，现在完全可以由缝纫机完成。缝纫机可完成服装制作中的一切工序。若采用诸如织物粘接胶、疏缝胶带、热熔衬头这类新的缝纫辅助手段，还可节省更多的时间。

实际缝制前的设计和确定缝制方案与服装缝制过程中的精工细制同等重要。准确地量体，挑选与服装样式相配的衣料，购买合适的衬头与辅件，所有这些对服装的质量及成品服装是否合身都有较大的影响。

本书介绍了服装缝制的基本知识及技巧，新的缝纫要领和方法，以及适用于某些织物的特殊缝制技术，并详细地介绍了裁剪纸样的用法。本书还特别介绍了专业人员与缝纫爱好者在缝制衣服时细节上的差异。虽然流行款式时时在变化，但缝纫基本技术仍适用于任何款式。

刚开始学习缝纫时，可以做些简单的缝纫练习一下基本技巧，如先试缝些简单的餐具垫和餐巾，练习一下接缝、边缘整理、折边技术或装热熔衬头等，然后再过渡到做一件完整的衣服。当你准备缝制衣服时，先挑选较简单、接缝少、精工细作部分少的样式。循着书中的指点，你一定能缝制出精美的服装。

本书由徐丽主编，参加编写工作的还有刘茜、张丹、徐杨、王静、李雪梅、刘海洋、李艳严、于丽丽、李立敏、裴文贺等人。由于作者水平有限，本书难免存在不足，请读者批评指正。

主　编

2021年8月

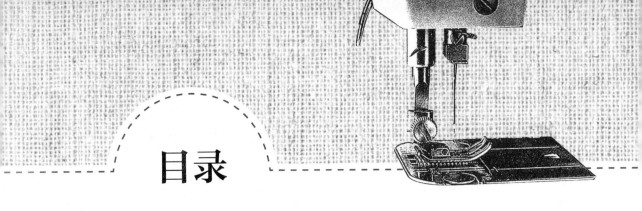

# 目录

## 缝纫设备

## 必备工具

# 裁剪纸样

# 织物基础知识

# 排料、裁剪及作标记

# 缝纫技术

# 接缝

# 制作成型

# 外缘

# 闭合辅件

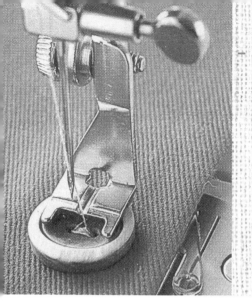

# 缝纫设备

## 缝纫机

　　缝纫机是缝纫中最重要的设备，所以必须仔细挑选。一台坚固而制作精良的缝纫机能让你使用许多年。

　　如果你打算买一台新缝纫机，那么有各种各样的型号能够满足你的需要。有内装一两种基本的之字形针迹的缝纫机，亦有应用先进的计算机技术控制和选择针迹的电子缝纫机。

　　缝纫机的特色功能包括：内装的锁纽孔器、标有色标的针迹选择器、快速倒车、脱卸压脚、供小环形区（如衬裤的裤脚）缝纫的自由臂、内装梭心绕线器、自动调节张力和压力以及自动调节针迹长度。通常多一种功能，缝纫机的价格就贵一点，所以选择缝纫机要与缝纫业务相配，应能满足你的基本缝纫需求，而不必花高价去追求你难得要用的功能。但也要考虑你的缝纫作业的总量和难度，以及需要使用缝纫机的人数。你可请教一下绸布店职工和做缝纫活的朋友，请他们示范一下、试用一下、比较一下几种不同的型号，以便挑选一台制作精良、容易操作并且具有可选择针迹的缝纫机。

　　缝纫机的机箱是另一个需要考虑的因素。便携式缝纫机可以灵活地移往各种各样的工作面。装在机箱里的缝纫机设计高度应适当，以方便操作，与此同时，也要便于操作者有地方放置缝纫附件，使各种附件放置有序，随手可取。

　　虽然不同缝纫机的用途与附件各异，但是它们都有同样的基本部件和控制装置。

　　下图所示的是自由臂便携式缝纫机的主要零部件，这也是绝大多数缝纫机的基本部件。你可以对照着缝纫机使用说明书查看机器上这些零部件的位置。

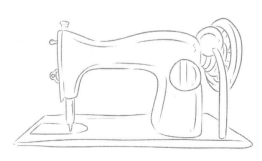

# 缝纫机必需的附件有哪些?

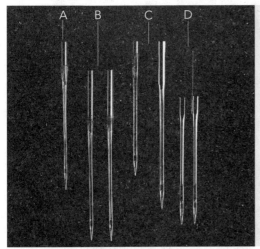

机针有四种：A.普通针适用于规格为9／65（最细）到18／110的各种织物；B.圆头针适用于规格为9／65～16／100的针织织物及有弹性的织物；C.双针适用于缝装饰性的针迹；D.楔形头针适用于皮革和乙烯基织物。缝制二三件衣服后或机针触碰到定位别针后要更换机针。弯曲的、钝的或有毛刺的机针会损坏织物。

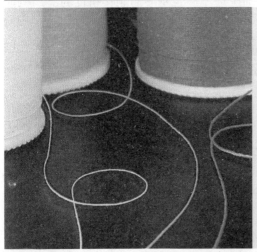

缝线有三种规格：特细适用于轻薄型织物及机绣；通用适用于一般的缝纫作业；表层针迹和锁纽孔线适用于装饰和粗针迹。线应与织物的厚薄度及机针的规格相配。为了使线的张力最适度，梭心上的线与机针上的线的规格和类型应相同。

梭心：可以是内装固定的或可卸下绕线的。带固定梭心套的梭心就在套中绕线。可卸下的梭心有可卸梭心套，套上有张力调节螺钉。可卸梭心可装在缝纫机顶部或侧面绕线。在空梭心上绕线，线能绕得均匀。梭心线不宜绕得太满，否则线易断。

# 缝纫机的主要零、部件有哪些？

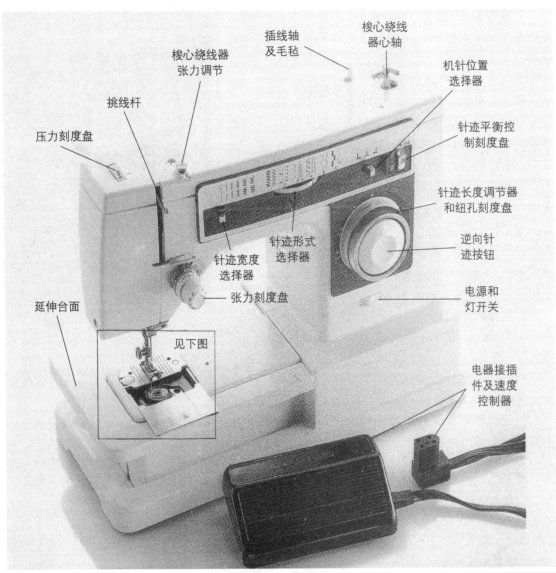

插线轴及毛毡
梭心绕线器心轴
梭心绕线器张力调节
挑线杆
机针位置选择器
压力刻度盘
针迹平衡控制刻度盘
针迹长度调节器和纽孔刻度盘
针迹宽度选择器
针迹形式选择器
逆向针迹按钮
张力刻度盘
电源和灯开关
延伸台面
见下图
电器接插件及速度控制器

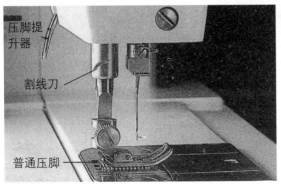

压脚提升器
割线刀
普通压脚

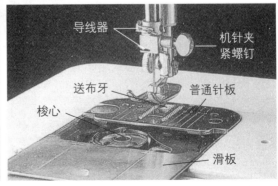

导线器
机针夹紧螺钉
送布牙
普通针板
梭心
滑板

# 完美的缝制针迹是什么样的？

只要穿线正确，针迹长度、张力和压力调节适度就能缝出完美的针迹。调节量与织物和所要缝制的针迹形式有关，具体参看缝纫机使用说明书中关于穿线步骤和调节各控制器的说明。

针迹长度调节器上有0～20的英制度盘，或者0～4的米制度盘，或者0～9的数字度盘。通常状态下，调节器定在每英寸10～122个针迹，米制度盘缝纫机定在"3"字位。在数字度盘上，数字越大，针迹越长。若要针迹短些，就调节到小一点的数字位。一般的针迹长度，调节器定在数字5上。

完美的针迹取决于织物上的压力，送布牙的动作和针迹形成时线的张力等的精确平衡。理想的针迹应该是面线和底线被同等地拉进织物，正好在上下织物层中间相扣。

线通过缝纫机时所受的压力由针迹张力控制器控制。压力过大，送入针迹的线太少，会使织物起皱；压力过小，送入针迹的线太多，针迹会显得软弱、松弛。

遇轻薄织物，通过压力调节器将压力调小；遇厚重织物，则将压力调大。压力适度能保证缝制时织物层被均匀送入。有些缝纫机能自动调节张力和对织物的压力。

正式缝制前，先在织物碎料上试一下张力和压力。在试张力和压力时，底线和面线用不同的颜色，以便容易看清底线和面线相扣处。

# 直针迹的张力和压力有何区别？

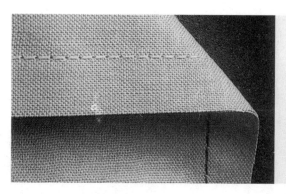

采用适度的张力和压力能缝制出底线和面线恰好在上下织物层中间相扣的针迹。织物正、反面的针迹看起来长度和松紧度应相等。织物层由送布牙均匀地送入，织物完好无损。

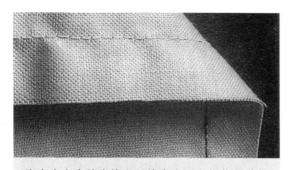

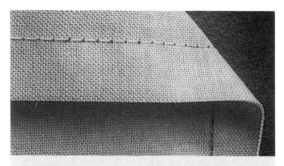

张力太大会使底线和面线在靠近上织物层处相扣，织物起皱，针迹易断。应将张力刻度盘调至较小的数字位。如果压力太大，下织物层会皱起，还可能被弄坏，针迹的长度和松紧度都可能不均匀。应将压力刻度盘调至较小的数字位。

张力太小会使底线、面线相扣处偏向下织物层，线缝软弱。应将张力刻度盘调至较大的数字位。压力太小会引起跳针和针迹不均匀，可能把织物扯进送布牙。应将压力刻度盘调至较大的数字位。

# 之字形针迹的张力和压力

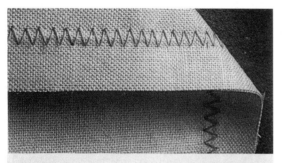

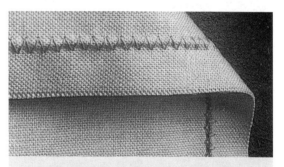

适度的张力和压力可使之字形针迹的底线和面线连锁相扣处恰好位于每一个针迹的角上和上下层织物的中间。针迹平整，织物不起皱。

张力太大会使上织物层起皱，底线、面线相扣处偏向上织物层，应减小张力平衡针迹。若压力不合适，在之字形针迹中产生的后果不如在直针迹中明显。但是，如果压力不准确，针迹的长度就不均匀。

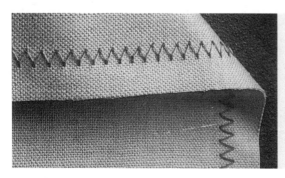

张力太小会使下织物层起皱，底线、面线相扣处会偏向下织物层。通常在缝制裆的过程中，应适度平衡之字形针迹。要缝装饰性针迹，稍微减小张力，表层针迹就会变得丰满。

# 缝纫机的专用附件有哪些？

　　每一种缝纫机都有具备各种特殊用途的专用附件。有些通用附件，对任何一台缝纫机都适用，例如装拉链压脚、锁纽孔附加装置及各种各样的折边压脚。而打裥附加装置这样的专用附件，在做特殊的缝纫作业时比较省时、省力。

　　要将一个专用附件或压脚装到一台缝纫机上，必须知道该缝纫机是高杆、低杆还是斜杆。杆是指从压脚的底面到连接螺钉的距离。连接件总是设计成适用于这三种杆中的某一种。

　　缝纫机通常都带有之字形针迹针板和普通的压脚。其他附件包括直针迹针板和压脚、锁纽孔压脚及附加装置、装拉链压脚、接缝导向器、各种折边压脚、均匀送布或滚柱压脚。缝纫机使用说明书中会介绍如何安装及使用各种附件。

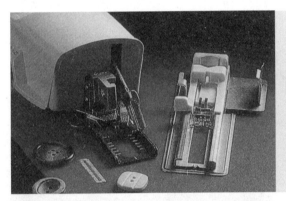

锁纽孔附加装置能让你一步锁完纽孔。一种是附加装置，能锁纽孔并调整纽孔长度，使纽孔与在压脚背后纽扣架上的纽扣大小适合。当纽扣大于3.8厘米或具有特殊的形状和厚度时，可以用规线代替纽扣架。另一种是直针迹缝纫机用的锁纽孔装置，能使缝纫机利用各种规格的样板自动锁纽孔。钥匙形纽孔可以用此附件锁纽孔。

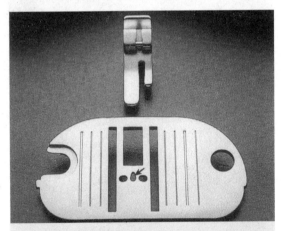

直针迹针板和压脚只用于缝直针迹。针板上的针孔（如上图箭头所示）小而圆。直针迹针板和压脚不允许机针做侧向运动。需严格控制的缝制作业，如缝边缘、做领尖可利用此特性。对透明薄织物和柔软的织物，此针板和压脚也很适用，因为小针孔不会把易破损的织物拉进送布牙。

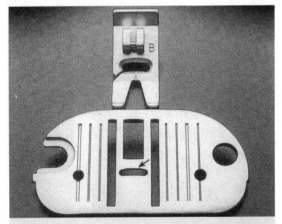

之字形针迹针板和压脚是普通的针板和压脚，在购买之字形缝纫机时会随机提供。此种针板和压脚用于缝之字形针迹和做多机针作业，也可在厚实的织物上缝平直针迹。针板上的针孔（如上图箭头所示）较宽，压脚也有允许机针进行左右移动的较宽的范围。可用此针板和压脚完成一般的缝制作业。

装拉链压脚用于滚边、装拉链、缝包边纽孔及缝制各种一边比另一边蓬松的缝纫机上。此压脚在机针的两侧都能使用。

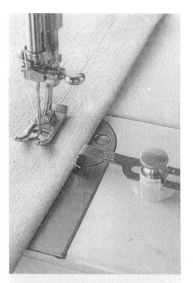

接缝导向器装在缝纫机台板上，有助于保持做缝均匀。接缝导向器可调节到任意接缝宽度，亦能随着弧形接缝而转动。

暗缝折边压脚用于在缝纫机上完成暗缝折边作业时为折边定位，代替手工折边，能加快速度。

均匀送布压脚能将上下两层织物一起送入，使接缝首和尾均匀齐整。此压脚用于维尼纶、绒头织物、蓬松的针织织物或其他易粘、易滑或易拉伸的织物。此压脚也可用于缝制表层针迹和格子花纹。

缝纽扣压脚可将扁平纽扣固定在位，让缝纫机用之字形针迹缝牢纽扣。如果一件衣服上要缝几颗纽扣，使用此压脚可省不少时间。

包缝压脚可使针迹达到足够的宽度，在缝包缝针迹时防止平直的边卷曲。此压脚内边缘有钩，制作包缝少不了此钩。

# 必备工具

缝纫可分为以下五个基本步骤：量体、裁剪、作标记、手缝或机缝及熨烫。完成每一步都需要一些必备工具，才能使操作更容易，成果更完美。在掌握缝纫技术的同时要备齐必备工具。

## 手缝工具有哪些？

缝衣针和别针根据不同的用途，有各种尺寸和样式。注意应选购铜质、镀镍钢质或不锈钢质的防锈缝衣针和别针。带色圆头的别针比平头别针用在织物上更显眼，不容易丢失。

① 尖头针最通用。中等长度的缝衣针用于一般缝制作业（见图中1）。

② 刺绣针绣品通常用松捻绒线，因此刺绣针针头尖，中等长度，针眼长且较宽（见图中2）。

③ 圆头缝衣针用于针织织物。尖头缝衣针可能会刺穿织物的丝，而圆头缝衣针则能避开织物绒襻（见图中3）。

④ 圆眼短针长度很短，针眼圆，用于在厚实织物或被褥料上缝细针迹（见图中4）。

⑤ 米丽娜缝衣针长度很长，针眼圆，用于疏缝针迹或皱褶（见图中5）。

⑥ 丝织物别针用于轻薄或中等厚度的织物。17#

针长2.6厘米，20#针长3.2厘米。这两种别针都各有玻璃头和塑料头。特细的丝织物别针长度为4.5厘米，由于其长度长，所以在织物上也很显眼（见图中6）。

⑦ 直别针有铜质、钢质或不锈钢质的，用于一般缝纫作业。其长度通常为2.6厘米（见图中7）。

⑧ 褶裥用别针长度仅为2.5厘米，在柔软织物做缝处定位用（见图中8）。

⑨ 绗缝别针长3.2厘米。因为此种别针长，可用于厚实材料（见图中9）。

⑩ 圆头别针用于针织织物（见图中10）。

⑪ 顶针用于手工缝制时保护中指。规格为6厘米（小）至12厘米（大），选用时松紧度合适即可（见图中11）。

⑫ 针垫用于插针和安全贮存针。有些针垫内含有金刚砂包（一种研磨材料），能使针洁净、光亮（见图中12a）。戴在手腕上的针垫，可随手插针、取针（见图中12b）。

⑬ 穿线器使缝衣针或机针的穿线变得容易（见图中13）。

⑭ 蜂蜡用于增加线的强度和光滑度，防止手工缝制时缝线紊乱缠结（见图中14）。

# 标记工具分别有哪些？

裁剪纸样上的符号能指点你怎样做好衣服。将裁剪纸样上的符号转标到织物上，对缝制作业很重要。因缝制作业涉及多种织物，所以需要各种各样的标记工具。

① 描线轮有锯齿边缘及光滑边缘两种。锯齿边缘描线轮画虚线标记，适用于大多数织物，但有可能会刺破柔软的织物。而光滑边缘描线轮则不会损坏丝绸、雪纺绸这类柔软、光滑的织物；用它画出的是实线标记（见图中1）。

② 裁缝用复写纸是一种特殊的涂蜡复写纸，能将描线轮画的线印到织物上。可挑选与织物颜色相近的复写纸，但要保证描出的线能看得清（见图中2）。

③ 裁缝用画粉或标记笔直接在织物上作标记，又快又简便。画粉易被擦掉，所以一般在即将缝制时才用画粉作标记（见图中3a）。很多裁缝用平头画线器装两块画粉，两端都可使用（见图中3b）。

④ 液体标示器可快速标出缝裥、省位、褶裥和口袋位置。一种是在48小时内自行消失的标记液；另一种是用水可洗净的标记液。该标记液不能用在会留下水迹的织物上。由于熨烫可能会使标记永久留下，所以在熨烫前应先将标记液洗净（见图中4）。

# 计量工具是作什么用的？

人体和裁剪纸样的尺寸都要用计量工具来计量。要保证服装合身，应选用好的计量工具且计量要准确。

① 透明画线板让画线人能看见所量的和所画的东西。该画线板可用来查看织物的纹理、标画纽孔、缝裥及褶裥（见图中1）。

② 码尺作一般标记用，或在排料时用于测量织物的纹理。码尺应用光滑、涂过虫胶清漆的硬木或金属制作（见图中2）。

③ 直尺作一般标记用，30.5厘米或46厘米长的直尺最有用（见图中3）。

④ 软尺具有柔韧性，在计量人体尺寸时使用。可选用长150厘米，两端有金属包头、不会伸缩的材料制作的软尺。软尺两面都有数字和标记，因此两面都能用（见图中4）。

⑤ 线缝规用于快速、准确地测量折边、纽孔、月牙边和褶裥。线缝规是一种带有滑动标记，长15厘米的小型金属或塑料直尺（见图中5）。

⑥ 透明丁字尺用于交叉纹理定位、更改纸样以及使直边相互垂直（见图中6）。

# 裁剪工具都用在哪里？

裁剪工具应定期由专业磨刀剪的人员进行打磨，使裁剪工具保持锋利。缝纫剪刀的两个手柄大小相等；裁剪剪刀的两个手柄则一大一小。优质剪刀经过热锻、用高级钢材制作，并珩磨出锋利的刃口。刀片应该用可调节螺钉连接（不能用铆钉），以保证沿刀片长度的压力均匀。锋利的剪刀剪切利索，剪缺口时界线清晰，更重要的是不会损坏织物。钝的剪刀剪切拖拉，很容易使你的手、腕疲劳。裁剪剪刀不应作剪纸、剪麻线等其他家用。应定期在剪刀螺钉连接部位滴加润滑油，剪刀使用后用干的软布擦净，并存放在盒子或口袋里，可延长剪刀的使用寿命。

① 曲柄裁缝剪刀，其下刃的角度能使织物平展在刀口上，是最佳的服装裁剪剪刀。刀刃长度为18厘米或20.5厘米的最受欢迎，但也有刀刃长度达30.5厘米的。可依据手的大小挑选刀片长度。手小，选短一点的；手大，则选长一点的。也有供左撇子使用的。如果缝纫活多，裁剪量大，可使用全钢镀铬剪刀（见图中1a）。带不锈钢刀片和塑料柄的轻型剪刀（见图中1b）适用于量小且织物轻薄的裁剪作业。对于合成纤维织物和滑溜的针织织物，可使用细齿刃口剪刀（见图中1c）。

② 缝纫剪刀（见图中2a）的一个头尖，一个头圆，适用于修剪和剪铰接缝和贴边。刀刃长15厘米的剪刀最实用。刺绣用剪刀（见图中2b）有长10厘米或12.5厘米稍带锥度的刀刃。两个头都尖的剪刀供进行手工作业或精确剪切时用。

③ 线缝剥离器能快速撕开接缝、纽孔及除掉针迹线。应小心使用，以避免刺破织物（见图中3）。

④ 回转式裁衣刀是据服装厂所用的大型回转式剪切机改制的。其工作原理与比萨饼切刀相似。回转式裁衣刀要与专用塑料垫一起使用。塑料垫有各种规格，起保护刀面和刀刃的作用，其特殊的闭锁机构能使刀片缩回确保安全（见图中4）。

⑤ 纱线剪刀有弹性作用的刀刃比裁缝剪刀使用更方便，比线缝剥离器更安全（见图中5）。

⑥ 齿边布样剪刀或月牙边布样剪刀用于剪切锯齿形布边或月牙形布边，以及整理接缝和多种织物的毛边。这类剪刀剪切的布边不会脱散（见图中6）。

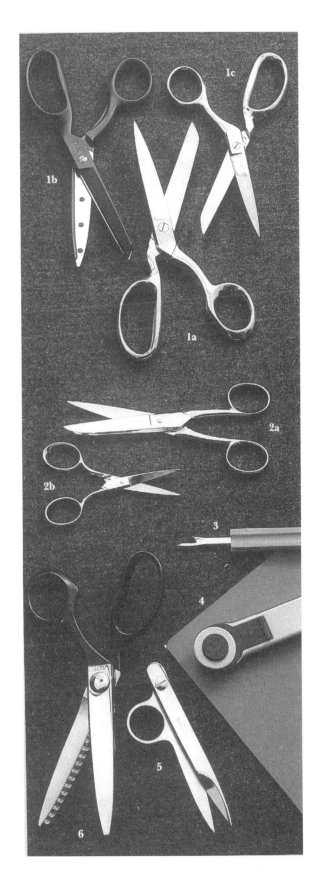

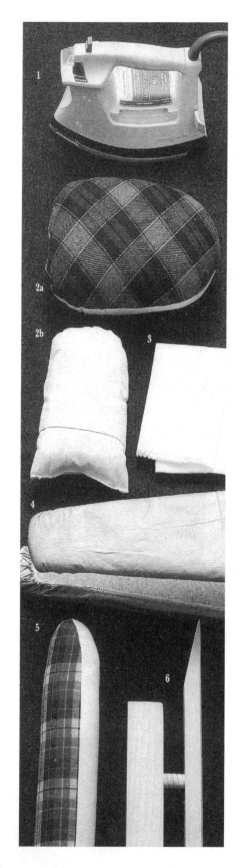

# 压烫工具如何应用？

进行缝纫作业时，压烫是一个常常被忽略的重要环节。其实在制衣过程中的每一步及时压烫都是缝制完美衣服的一大秘诀。

要想养成及时压烫的习惯，就应将压烫工具放在随手可取之处。这样对压烫成批衣服很方便。先在缝纫机上将要缝的部位尽可能都缝好，然后一次将针迹部位都烫平整。

压烫不等于熨烫。熨烫时，熨斗在织物表面滑动。而压烫时，熨斗在与织物接触时几乎不滑动，运用最小的压力，顺着织物的纹理压烫。注意移往另一部位时，要将熨斗提起。

裁剪纸样说明上通常会讲明何时要压烫。一般的规定是：在缝制交叉缝之前先烫平已缝的针迹；在织物反面压烫以免造成织物的表面发亮；在压烫前将别针取下，以保护熨斗底板。

① 蒸汽／喷雾熨斗的温度范围应大，以适用于各种织物，所以尽可能买可靠的名牌熨斗。定在任一温度都能产生蒸汽和喷雾的熨斗对压烫合成纤维织物有益（见图中1）。

② 裁缝用压烫衬垫或压烫手套在压烫弧形接缝、省、领口、袖山这类成形区时用。压烫垫（见图中2a）是带圆弧的填充得很结实的垫子，一面是棉布，另一面覆有羊毛织物以保留更多的蒸汽。压烫手套（见图中2b）类似于压烫垫，在压烫服装上小而难以达到的区域时，用压烫手套格外得心应手，可套在手上或烫袖板上使用。

③ 压烫布防止熨烫造成织物的表面发亮。装热熔衬头时总是要用压烫布。透明的压烫布可让操作者看见织物是否平了，衬头是否垫直了（见图中3）。

④ 烫袖板看起来像两块上下重叠的小烫衣板，用于压烫接缝以及袖子、衬裤裤脚或领口等狭小的部位（见图中4）。

⑤ 接缝辊是一个填装得结结实实的圆柱形垫子。压烫接缝时，大部分织物垂在辊子四周，不会

碰到熨斗，可防止在织物的正面留下痕迹（见图中5）。

⑥ 尖头压片／压板用硬木制成，用于将拐角处或尖端部的接缝翻开、压烫平。压板通过使蒸汽和热量滞留在织物上让接缝平整。在裁剪表面硬挺的织物时，使用此工具可获得平整、轮廓清晰的边缘（见图中6）。

## 专业用具有哪些？

为了在排料、制作和压烫时节省时间，有多种专业用具可供选用。缝纫量越大，专业用具就越有必要。

使用新产品之前，应仔细阅读说明书，弄清使用该新产品需要注意些什么、有哪些特殊的操作，该产品适用于哪些织物或技术。

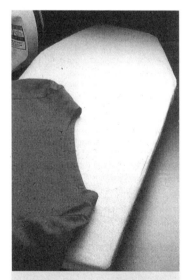

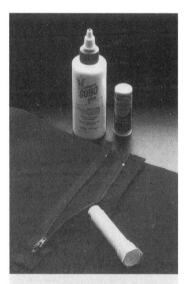

台面熨烫板属于便携式，比较节省空间，放置在缝纫机附近可方便使用。台面熨烫板上可放置大块的织物，以免织物伸出台面或在地上拖曳，也有助于培养你边缝制边压烫细节部位的习惯。

（手工）蒸汽熨斗是一种轻型蒸汽熨斗，在低温时会产生一个集中的蒸汽区，即使压烫织物正面也不必使用压烫布。它在两分钟之内就能加热到所需蒸汽温度，用于省、接缝、褶裥及折边的压烫。

胶水可替代别针或疏缝针迹，用于在缝制前将织物、皮革、维尼纶织物、毛毡、镶边、贴袋、拉链定位。一般进行缝制和手工作业时都可用。粘接膏可溶于水，所以只能用作暂时粘接。胶水则可点在做缝里将织物层粘牢。

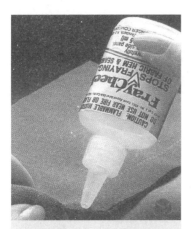

防脱散剂是无色的液体，通过使织物变得略微硬挺而防止布头或布边磨损。如果做缝修剪过分，或要加固口袋或纽孔，防脱散剂就很有用。但它会使浅色稍微变深一点，所以要谨慎使用。防脱散剂可达到永久性的整理效果，耐洗烫和干洗。

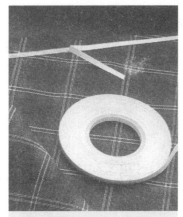

疏缝胶带是双面胶带，可替代别针和用线疏缝。疏缝胶带在皮革、维尼纶织物上都可用。在对准条纹或格子花纹、装拉链、进行口袋定位和镶边定位时，疏缝胶带格外有用。不要在胶带上缝针迹，因为胶会弄脏机针。

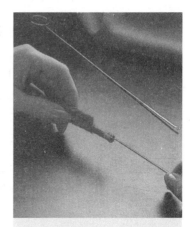

环状体翻转钩的一端有一闪状钩，可抓住斜纹管状物或饰边，将织物正面翻出。用翻转钩比用安全别针更快、更容易达到翻转目的。由于翻转钩的杆很细，所以可用于翻非常狭窄的管状体或纽襻。

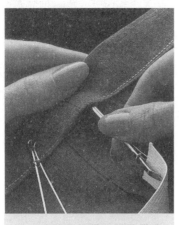

穿孔锥能将缎带、松紧带或绳带平直地穿入套管。有些穿孔锥有两个眼，缎带或松紧带可穿入眼中。有些则有镊子或安全别针，可用于抓住松紧带。上图中的穿孔锥有一圆环，此环可上下滑动卡紧钳子的两个分叉。

尖角翻转器可将衣领、驳头、口袋等已缝制的尖角捅出而不撕坏织物。尖角翻转器有木制的或塑料制的，其尖头可一直伸入尖角。用尖头端剔除疏缝线，用圆头端拨开接缝以便压烫。

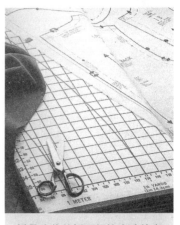

折叠式裁剪板可保护光洁的桌面不会被别针或裁剪剪刀划出划痕。织物放在裁剪板上更稳妥，裁剪时不会滑落。别针可直接别在裁剪板上以便快速固定。按裁剪板上标出的线可将织物边修平整，也可利用1平方英寸（1英寸＝2.54厘米）方格子进行快速计量。裁剪板可折叠，便于收纳。

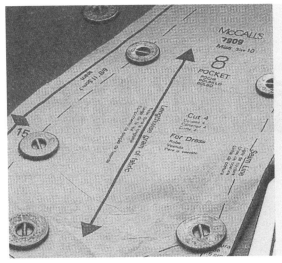

压块用于压住裁剪纸样以便裁剪，可免去在裁剪纸样上别别针、卸别针等费时的操作。同时还可保护织物，免得永久留下别针的痕迹。在较小的裁剪纸样上用压块最适宜。

吸别针磁铁和针垫使钢针不易丢失。吸别针磁铁装在缝纫机针板上，可随时将缝制时取下的别针吸住。磁性加重针垫比普通针垫更方便，用于拾捡掉落在地上的别针尤为灵便。

図中标签（由上至下）：
服装设计者
连衣裙 套裙
晚礼服和 结婚礼服
简易缝制
多种尺寸的 裁剪纸样
套装 宽大短外套
罩衫 上装 内衣
裙子 裤子
运动服 日常便服
外套 茄克衫 上衣
睡服
大尺寸 中尺寸 及妇女尺寸
孕妇服 围裙 制服

# 裁剪纸样

　　裁剪纸样目录比成衣目录更富于创造性。在裁剪纸样目录中，你所看到的不只限于织物、颜色、裙长或纽扣。你可以把自己满意的样式综合起来，形成能表现出你个性的式样。

　　裁剪纸样精选并不意味着比别的式样更好些。精选中的式样在同一季节的成衣目录中也会出现。精选中有只需花少量时间就可缝制的简便款式，也有妇女全套衣饰中的提包、手套等小配件，居家装饰、晚礼服、男士和少年的时装，以及几乎所有妇女或儿童的服装款式。

　　裁剪纸样目录按尺寸、款式分类，附有检索标签。每一类的前几页都提供最新款式。纸样示意图配有推荐的面料织物及用料数据。在裁剪纸样目录后几页的索引里，以顺序号列出裁剪纸样及其页次。目录的后面还有一张适用于各种体型的人（男、女、儿童、婴儿）的规格表。

　　要缝制出令人满意的服装，需根据缝纫技术挑选缝制难度适宜的款式。如果没有足够的时间和足够的耐心，则以挑选简单些的款式为宜。

　　列在每一款式后的裁剪纸样的张数表示该款式的复杂程度。张数越少，复杂程度越低。衬衣袖口、领座、褶裥及缝裥等细节部位是缝纫的难点，简易款式中这些细节部位大大减少。

　　所有裁剪纸样制作公司都采用统一的按标准体型确定的尺码，与现成服装的尺码不完全相同。要选择合适的裁剪纸样尺寸，先要准确测量一下自己的尺寸。方法是穿常穿的内衣，用软尺自然地计量，软尺不要绷紧。为准确起见，最好请别人替你量。最后将量得的尺寸与尺寸表作比较。

# 女性身材需要测量哪些部位？

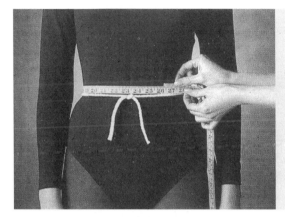

腰围线：将一根线绳或松紧带围在腰部，让线绳自然地系在腰围处，就在腰围处用软尺测量。让线绳留在腰围处，作为测量臀围和后腰节尺寸的基准。

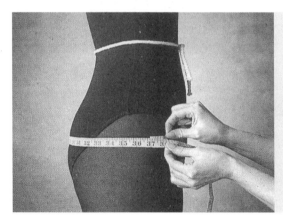

臀围：在臀部最丰满处围量一周。这个部位通常离腰围线18～23厘米，与身高有关。

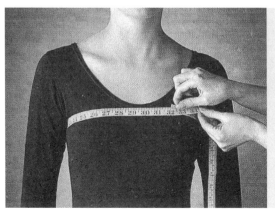

前胸：将软尺置于腋窝下，沿背部最宽处，在胸围上方围量。裁剪纸样尺寸表中并未列出前胸尺寸，但应将此尺寸与胸围尺寸相比较以确定选择尺寸合适的裁剪纸样。

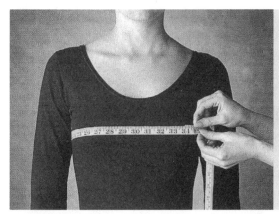

胸围：将软尺置于腋窝下，沿背部最宽处和胸部最丰满处围量。注意如果前胸和胸围尺寸相差5厘米或5厘米以上，则依据前胸尺寸来选择裁剪纸样尺寸。

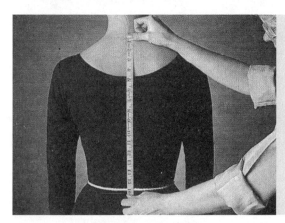

后腰节：从颈部最突出的脊柱骨节的中间向下量至腰围线。

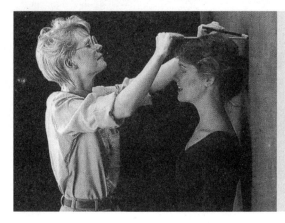

身高：测量时不穿鞋，背靠墙站直。用一直尺压住头部，在墙上画一条标记，从标记量至地面即身高。

# 女性体型尺码表有哪几类?

要选择尺码合适的裁剪纸样，应先测量自己身体各部位的尺寸。再根据各种体型的描述，确定自己的体型类别。在下表中找到自己的体型类别和最适合自己身体各部位尺寸的那列数字。依据胸围尺寸选择套裙、罩衫和套装的裁剪纸样；依据臀围尺寸选择内裤和裙子的裁剪纸样。

单位：英寸　　　　　　　　　　　　　　　　　　　　　　　单位：厘米

**十余岁的少女**

单位：英寸

| 尺码/号 | 5/6 | 7/8 | 9/10 | 11/12 | 13/14 | 15/16 |
|---|---|---|---|---|---|---|
| 胸围 | 28 | 29 | 30½ | 32 | 33½ | 35 |
| 腰围 | 22 | 23 | 24 | 25 | 26 | 27 |
| 臀围 | 31 | 32 | 33½ | 35 | 36½ | 38 |
| 后腰节 | 13½ | 14 | 14½ | 15 | 15⅜ | 15¾ |

单位：厘米

| 尺码/号 | 5/6 | 7/8 | 9/10 | 11/12 | 13/14 | 15/16 |
|---|---|---|---|---|---|---|
| 胸围 | 71 | 74 | 78 | 81 | 85 | 89 |
| 腰围 | 56 | 58 | 61 | 64 | 66 | 69 |
| 臀围 | 79 | 81 | 85 | 89 | 93 | 97 |
| 后腰节 | 34.5 | 35.5 | 37 | 38 | 39 | 40 |

**小个子少女**

单位：英寸

| 尺码/号 | 3 | 5 | 7 | 9 | 11 | 13 |
|---|---|---|---|---|---|---|
| 胸围 | 30 | 31 | 32 | 32 | 34 | 35 |
| 腰围 | 22 | 23 | 24 | 25 | 26 | 27 |
| 臀围 | 31 | 32 | 33 | 33 | 35 | 36 |
| 后腰节 | 14 | 14¼ | 14½ | 14¾ | 15 | 15¼ |

单位：厘米

| 尺码/号 | 3 | 5 | 7 | 9 | 11 | 13 |
|---|---|---|---|---|---|---|
| 胸围 | 76 | 79 | 81 | 84 | 87 | 89 |
| 腰围 | 56 | 58 | 61 | 64 | 66 | 69 |
| 臀围 | 79 | 81 | 84 | 87 | 89 | 92 |
| 后腰节 | 35.5 | 36 | 37 | 37.5 | 38 | 39 |

**少女**

单位：英寸

| 尺码/号 | 5 | 7 | 9 | 11 | 13 | 15 |
|---|---|---|---|---|---|---|
| 胸围 | 30 | 31 | 32 | 33½ | 35 | 37 |
| 腰围 | 22½ | 23½ | 24½ | 25½ | 27 | 29 |
| 臀围 | 32 | 33 | 34 | 35½ | 37 | 39 |
| 后腰节 | 15 | 15¼ | 15½ | 15¾ | 16 | 16¼ |

单位：厘米

| 尺码/号 | 5 | 7 | 9 | 11 | 13 | 15 |
|---|---|---|---|---|---|---|
| 胸围 | 76 | 79 | 81 | 85 | 89 | 94 |
| 腰围 | 57 | 60 | 62 | 65 | 69 | 74 |
| 臀围 | 81 | 84 | 87 | 90 | 94 | 99 |
| 后腰节 | 38 | 39 | 39.5 | 40 | 40.5 | 41.5 |

**小个子未婚女子**

单位：英寸

| 尺码/号 | 6 | 8 | 10 | 12 | 14 | 16 |
|---|---|---|---|---|---|---|
| 胸围 | 30½ | 31½ | 32½ | 34 | 36 | 38 |
| 腰围 | 23½ | 24½ | 25½ | 27 | 28½ | 30½ |
| 臀围 | 32½ | 33½ | 34½ | 36 | 38 | 40 |
| 后腰节 | 14½ | 14¾ | 15 | 15¼ | 15½ | 15¾ |

单位：厘米

| 尺码/号 | 6 | 8 | 10 | 12 | 14 | 16 |
|---|---|---|---|---|---|---|
| 胸围 | 78 | 80 | 83 | 87 | 92 | 97 |
| 腰围 | 60 | 62 | 65 | 69 | 73 | 78 |
| 臀围 | 83 | 85 | 88 | 92 | 97 | 102 |
| 后腰节 | 37 | 37.5 | 38 | 39 | 39.5 | 40 |

**未婚女子**

单位：英寸

| 尺码/号 | 6 | 8 | 10 | 12 | 14 | 16 | 18 | 20 |
|---|---|---|---|---|---|---|---|---|
| 胸围 | 30½ | 31½ | 32½ | 34 | 36 | 38 | 40 | 42 |
| 腰围 | 23 | 24 | 25 | 26½ | 28 | 30 | 32 | 34 |
| 臀围 | 32½ | 33½ | 34½ | 36 | 38 | 40 | 42 | 44 |
| 后腰节 | 15½ | 15¾ | 16 | 16¼ | 16½ | 16¾ | 17 | 17¼ |

单位：厘米

| 尺码/号 | 6 | 8 | 10 | 12 | 14 | 16 | 18 | 20 |
|---|---|---|---|---|---|---|---|---|
| 胸围 | 78 | 80 | 83 | 87 | 92 | 97 | 102 | 42 |
| 腰围 | 58 | 61 | 64 | 67 | 71 | 76 | 81 | 87 |
| 臀围 | 83 | 85 | 88 | 92 | 97 | 102 | 107 | 112 |
| 后腰节 | 39.5 | 40 | 40.5 | 41.5 | 42 | 42.5 | 43 | 44 |

**半号尺码(即上身短的成年女子)**

单位：英寸

| 尺码/号 | 10½ | 12½ | 14½ | 16½ | 18½ | 20½ | 22½ | 24½ |
|---|---|---|---|---|---|---|---|---|
| 胸围 | 33 | 35 | 37 | 39 | 41 | 43 | 45 | 47 |
| 腰围 | 27 | 29 | 31 | 33 | 35 | 37½ | 40 | 42½ |
| 臀围 | 35 | 37 | 39 | 41 | 43 | 45½ | 48 | 50½ |
| 后腰节 | 15 | 15¼ | 15½ | 15¾ | 15⅞ | 16 | 16⅛ | 16¼ |

单位：厘米

| 尺码/号 | 10½ | 12½ | 14½ | 16½ | 18½ | 20½ | 22½ | 24½ |
|---|---|---|---|---|---|---|---|---|
| 胸围 | 84 | 89 | 94 | 99 | 104 | 109 | 114 | 119 |
| 腰围 | 69 | 74 | 79 | 84 | 89 | 96 | 102 | 108 |
| 臀围 | 89 | 94 | 99 | 104 | 109 | 116 | 122 | 128 |
| 后腰节 | 38 | 39 | 39.5 | 40 | 40.5 | 40.5 | 41 | 41.5 |

**成年女子**

单位：英寸

| 尺码/号 | 38 | 40 | 42 | 44 | 46 | 48 | 50 | 52 |
|---|---|---|---|---|---|---|---|---|
| 胸围 | 42 | 44 | 46 | 48 | 50 | 52 | 54 | 56 |
| 腰围 | 35 | 37 | 39 | 41½ | 44 | 46½ | 49 | 51½ |
| 臀围 | 44 | 46 | 48 | 50 | 52 | 54 | 50 | 58 |
| 后腰节 | 17¼ | 17⅜ | 17½ | 17⅝ | 17¾ | 17⅞ | 18 | 18⅛ |

单位：厘米

| 尺码/号 | 38 | 40 | 42 | 44 | 46 | 48 | 50 | 52 |
|---|---|---|---|---|---|---|---|---|
| 胸围 | 107 | 112 | 117 | 122 | 127 | 132 | 137 | 142 |
| 腰围 | 89 | 94 | 99 | 105 | 112 | 118 | 124 | 131 |
| 臀围 | 112 | 117 | 122 | 127 | 132 | 137 | 142 | 147 |
| 后腰节 | 44 | 44 | 44.5 | 45 | 45 | 45.5 | 46 | 46 |

**孕妇**

单位：英寸

| 尺码/号 | 6 | 8 | 10 | 12 | 14 | 16 |
|---|---|---|---|---|---|---|
| 胸围 | 34 | 35 | 36 | 37½ | 39½ | 41½ |
| 腰围 | 28½ | 29½ | 30½ | 32 | 33½ | 35½ |
| 臀围 | 35½ | 36½ | 37½ | 39 | 41 | 43 |
| 后腰节 | 15½ | 15½ | 15¾ | 16 | 16½ | 16¾ |

单位：厘米

| 尺码/号 | 6 | 8 | 10 | 12 | 14 | 16 |
|---|---|---|---|---|---|---|
| 胸围 | 87 | 89 | 92 | 95 | 100 | 105 |
| 腰围 | 72 | 75 | 77.5 | 81 | 85 | 90 |
| 臀围 | 90 | 93 | 95 | 99 | 104 | 109 |
| 后腰节 | 39.5 | 40 | 40.5 | 41.5 | 42 | 42.5 |

# 裁剪纸样封套是什么？

裁剪纸样封套包含对服装的描述以及织物的用量等大量的信息，也介绍了怎样挑选织物和颜色。封套上有标签，说明该款式是否是设计师的原始款式，是否是容易缝制的款式，以及是否是仅适合于某些织物的款式，以帮助你确定缝制难度。另外，裁剪纸样封套上还有选择织物和辅件所需的资料。

## 封套正面

尺码和体型类别标注在裁剪纸样封套的上方或侧边。如果该裁剪纸样具有多种尺码，如8-10-12，那么在一张纸样上就有与上述三种尺码相应的三条裁剪线。

裁剪纸样公司名称和款式号码明显地标示在裁剪纸样封套的上方或侧边。

设计师的原始款式纸样标着设计师的名字。这种款式常常有些难以缝制的缝裥、表层针迹、衬里等。对于有时间又有技术的裁缝，这些样板可指导你仿制最新款式的现成服装。

示意图展示裁剪纸样稍有变化的款式。标示出可任意选择的镶边、长度、织物组合或细节部位，以吸引初学缝纫者学做或吸引有经验的裁缝去制作有难度的服装。

款式图示或照片展示主要的裁剪纸样款式。涉及合适的织物类型，如毛料、棉布等，以及织物图案，如印花或方格花纹等。如果你对选用何种织物没有把握，那么参考款式图示上的面料织物，它是服装设计师认定的适合于该款式的织物。

标签用以识别该裁剪纸样制作是否较简单，缝制是否省时，是否有特殊的尺寸或与尺寸有关的资料；或说明如何缝制像格子花纹、针织织物、花边等特殊织物的信息。各个裁剪纸样公司都有自己特殊的分类和类别名称。

- SIZE 10
MISS
6157
$400
PATTERN
Designer
bonus-pattrrn includes special chart on how to work with plaids

# 裁剪纸样的内容有哪些?

打开裁剪纸样封套即可看到印制的裁剪纸样图及操作说明,其中操作说明一步一步地教你完成服装制作。在裁剪和缝制服装前先读懂操作说明,按照操作说明计划和安排好缝纫时间,并注意在缝制过程中应掌握的技术。

裁剪纸样封套含有几件不同服装的裁剪纸样,如:一条裙子、一件夹克及衬裤(被称作个人全部衣服的裁剪纸样),通常每种服装只给一种形式。由数字或字母标示出一件服装的各个示意图。此时各种服装的裁剪纸样只用名称来识别。所有的裁剪纸样图都用一个数字和名称来识别,如:裙子(1A)、前片(2B)。

款式图和示意图明显地印在操作说明上。在裁剪纸样封套上,款式图和示意图以草图表示出或以线条画出详图。有些裁剪纸样采用实图来表示,并以不同色调来识别同一种服装示意图的各种纸样。

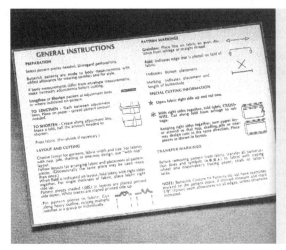

总体说明是一种简短的复习缝纫知识的课程。这些说明在各公司的裁剪纸样上可能名称各异,但一般都包含着使用裁剪纸样的要领,还有关于织物介绍的资料、裁剪纸样标记的解释,裁剪、排料、作标记的要领及简短的缝纫术语词汇表。

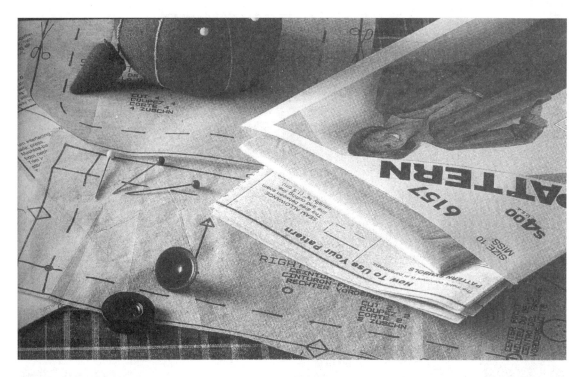

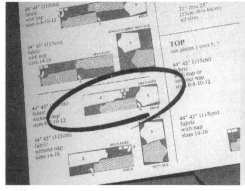

裁剪排料图，每一种服装的示意图都有裁剪排料图。裁剪排料图随织物宽度、裁剪纸样尺码，以及织物有无绒毛等变化。衬头和衬里的排料图也包括在内。当织物需单层裁剪或顺着横向纹理裁剪时，在裁剪纸样排料图上会用一种符号标示出，在总体说明中也会加以说明。一张裁剪纸样图，如果正面向上，则不用阴影线图示；如果反面向上，则用阴影线或刻痕图示。可圈出适合于正确的纸样尺码、织物宽度和示意图的排料图。

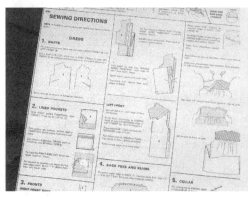

操作说明排列成许多示意图，一步一步地指导怎样制作服装。在每一点说明旁边都有一张草图，图示缝纫技术。织物的正面通常用阴影线表示，而反面则用单色。衬头用虚线表示，草图和说明一起明确地告诉你要做什么。记住，上述只是通常的做法，而改换另一种技术亦可能更有效果。

# 裁剪纸样图纸是什么？

　　裁剪纸样图纸上面印了许多符号，就像国际道路标记一样，这些标记是所有生产裁剪纸样公司通用的符号。从一开始排料就使用裁剪纸样，直到缝完折边或缝最后一颗纽扣都离不开裁剪纸样。

　　裁剪纸样图纸上印有符号，也印有文字说明。请仔细地按这些说明来使用裁剪纸样图纸。

　　排料和裁剪符号中标示织物纹理的符号不必标在织物上，缝制符号则必须标在织物上。

| 符　　号 | 说　　明 | 使用方法 |
|---|---|---|
| | 纹理线　两端有箭头的粗实线 | 将裁剪纸样图纸放在织物上，使箭头与布边平行 |
| | 折叠括号　两端带箭头或带文字"置于折叠上"的长括号 | 将裁剪纸样图上的箭头或边对准织物的折叠部位 |
| | 裁剪线　沿裁剪纸样外边缘的粗实线。对某一视图也可表示"剪断"线 | 沿此线剪。如果在一张裁剪纸样图纸上印有几种尺码，选用最合适的裁剪线 |
| | 调整线　双线表示裁剪纸样裁剪前可在此处加长或缩短 | 要缩短，在两条线之间将裁剪纸样折一活褶。要加长，在两条线之间将裁剪纸样剪开，然后展开 |
| | V形剪口　沿裁剪线的菱形，为接缝匹配标记。剪口按相配的接缝顺序编号 | 剪至裁剪纸样边缘或在做缝里剪小缺口，准确地对接相同编号的剪口 |
| | 接缝线　长虚线，通常在裁剪线的内侧1.5厘米处。多种尺码的裁剪纸样上没有印制的接缝线 | 除注明外，其余都在距剪切边缘1.5厘米处缝针迹 |
| | 折叠线　实线，标明在缝制服装时哪里需要折叠 | 缝贴边或贴条、折边、缝褛或褶襉时沿此线折叠 |
| | 省　加点虚线画成"V"形。通常在臀线、胸线或袖肘处 | 画出省缝，沿中线折叠，仔细将线和点对齐，缝至省尖 |
| | 正方形、三角形、圆圈（大、小）通常是沿接缝处或省缝标注 | 标示这些符号的区域为必须精确对齐、剪切或缝制的区域 |
| | 松弛线　两端有小点的短虚线，标示此处要松弛 | 在大衣片上先用松弛针迹，然后将针迹线收紧，使大衣片与小衣片相匹配 |

续表

| 符　号 | 说　明 | 使用方法 |
|---|---|---|
| 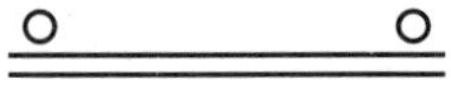 收皱裥线　两条实线或虚线，或两端有小圈点，标示该处要收皱裥 | 在大衣片上的两点之间缝两行松弛的针迹，然后收紧针迹线，使大衣片上的两点与小衣片上的两点对齐 |
|  折边线　折边留量印在裁剪线上 | 按规定留量折边，必要时可调整留量 |
|  拉链部位　沿接缝线的两排平行三角形，标示装拉链部位 | 装拉链，使拉链头与拉链尾部挡片位于规定位置 |
| 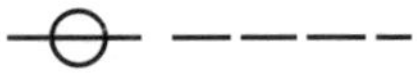 零件位置　虚线标示口袋、缝裥或其他零件的位置 | 作标记并将零件装于其位 |
| 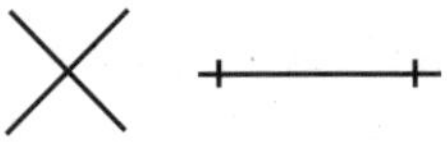 纽扣和纽孔部位　实线标示纽孔长度；"×"或图例标示纽扣部位及大小 | 作标记并按图示将纽扣装于其位 |

# 裁剪纸样长度需要调整多少？

根据你身体各部位的尺寸，可能需要加长或缩短裁剪纸样图纸。例如，罩衫或连衣裙的大身或袖子；裙子或衬裤的臀围。裁剪之前，利用裁剪纸样图纸上的调整线在裁剪纸样上更改。

有些裁剪纸样也可能标示出折叠活褶的线，以便缩短裁剪纸样，使其由适合一种体型转换成适合另一种体型。例如，适合于未婚女子体型的裁剪纸样，更改尺寸后能适合于小个子未婚女子的体型。新的省位也会标示在裁剪纸样图上。如无调整线，裁剪纸样图纸通常可以在下摆处加长或缩短。

为确定是否需要调整长度，可先用干熨斗熨平裁剪纸样图纸上的皱褶。量前、后大身裁剪纸样图纸的尺寸，是从肩缝线量至腰围接缝线，不是从一条裁剪边量至另一条裁剪边。然后将量得的尺寸与在你身上相应部位量得的尺寸相比较。裁剪纸样图纸上的尺寸必须比量体实得尺寸至少长1.2～2厘米以保证足够宽松。

测量裙子的前、后片，从腰围接缝线量至折边线，与你量体实得尺寸或你想要的裙长尺寸相比较，如需要调整，则沿调整线缩短或加长裁剪纸样。

# 怎样缩短裁剪纸样？

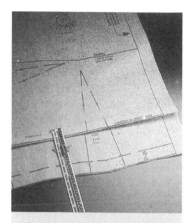

① 折。在调整线之间折叠裁剪纸样，折出一个活褶，活褶深度为需缩短量的一半，即总的缩短量为活褶深度的2倍。

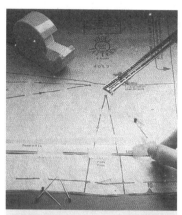

② 别。用别针将活褶定位，为保证准确，用卷尺或直尺测量裁剪纸样图纸的长度，用胶带将活褶定位，卸下别针。

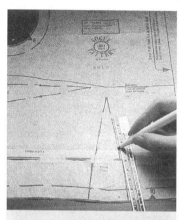

③ 画。按需要在裁剪纸样图纸上画新的裁剪线，注意保证纹理平直，按需要调整省位。

# 怎样加长裁剪纸样？

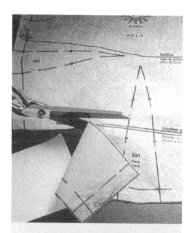

① 剪。沿调整线将裁剪纸样剪开，下面衬上图表纸或白拷贝纸。

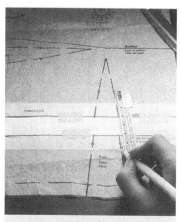

② 伸。将剪开的裁剪纸样边缘拉开至需加长的长度。用胶带将裁剪纸样图纸定位，保持纹理平直。

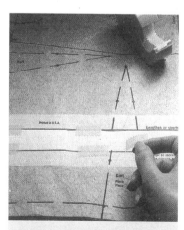

③ 画。画新的裁剪线和标示线，剪去多余的纸，检查省位，按需要调整省尖。

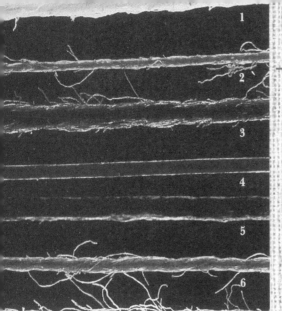

# 织物基础知识

所有的织物都是由两类纤维织成的：天然纤维或人造纤维。天然纤维来源于植物或动物，如棉、毛、丝、麻。人造纤维则是通过化学过程生产的，包括涤纶、氨纶、尼龙、醋酯纤维以及许多其他种类纤维。

将天然纤维和人造纤维结合起来可生产出集几种纤维优点于一体的最佳混纺织物。例如将尼龙的强度与羊毛的保暖性相结合，将涤纶的易保养性与棉织品的穿着舒适性相结合。

混纺织物的种类非常多，而且性能各异。每匹织物的端头上标有该织物所用的纤维种类和含量，也列出保养说明。检查织物的手感需了解：织物给你的感觉怎样、悬垂性怎样、是否易皱或纱线易脱散、是否会伸长。将织物搭在手上或臂上以判断该织物的柔软度、挺爽性、厚薄程度是否符合需要，适合做哪种服装。

织物按其织造方法，可分为机织织物、针织织物和无纺织物这三类。最普通的机织织物是平纹组织，平纹细布、府绸、塔夫绸都是平纹组织，劳动布、华达呢是斜纹组织，棉缎是经缎组织；针织织物也有几种，乔赛就是平针织物，针织套衫可织成双反面组织、提花组织和拉舍尔经编组织；毛毡是一例无纺织物。

为待缝制的服装挑选合适的织物，需要一点实际经验。参照裁剪纸样封套背面的建议，学会体验织物的手感。注意，价格昂贵的织物未必质优。应挑选穿着挺括，看起来始终漂亮的精制织物。

## 易缝制的织物有哪些？

一般中等厚度的平纹织物或厚实的针织织物容易缝制。由于这些织物的纱线极少脱散或完全不脱散，所以大多数不需要复杂的接缝整理或特殊的处理。

小印花纹、散印花纹及窄条纹容易缝制，因为这样的织物在接缝处不要求花纹相配，尤其是深色印花纹还能遮盖针迹的不完美之处。

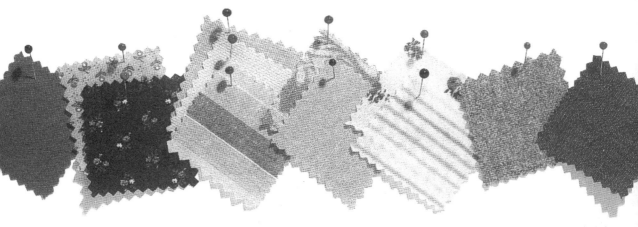

| 府绸 | 阔幅棉布 | 本色细平布 | （仿）亚麻织物 | 厚实的针织织物 | 厚实的羊毛织物 | 劳动布 |

选用府绸、阔幅棉布这样的平纹织物制成服装往往比较令人满意。坚实、伸缩性中等的针织织物不需要接缝整理，而且具有的拉伸性使服装更合身。像棉布、轻薄型羊毛织物这样的天然纤维织物也容易缝制，因为针迹容易与这些织物交融在一起。

至于其他容易缝制的织物，参阅裁剪纸样背面列出的推荐织物。

## 特殊织物的操作要注意什么？

有些织物由于其花纹或织造方法，在排料和缝制时需要特别注意，有些容易缝制织物亦属于这一范畴。所需的特殊操作方法通常不难，常常只需要多加一个步骤，如接缝整理或稍微细心一点。

① 拉毛和绒面织物，如丝绒、平绒、维罗呢、法兰绒、灯芯绒在裁剪时要特别留神。当这些织物表面的绒毛顺着长度方向时，看起来颜色浅且闪闪发光；而当绒毛顺着相反方向时，则看起来颜色深。为了使服装看起来色调统一，排料时一定要遵照裁剪纸样说明上的"有绒毛织物排料说明"。先确定想要绒毛顺哪个方向，然后使上边缘朝着同一方向裁剪所有的衣片。

虽然丝织缎纹织物和波纹塔夫绸不是起绒织物，但是在不同方向上，其光亮表面反光程度也不同。先确定织物顺着哪个方向，然后进行单向排料。

② 透明薄织物采用特种接缝和接缝整理最佳。未经整理的做缝有损巴里纱、细薄织物、菠萝组织网眼织物、雪纺绸等织物纤巧透明的外观。通常选用来去缝，当然也可采用别的接缝整理方法。

③ 斜纹组织织物，像劳动布和华达呢有斜向脊状凸起。如果这些脊状突起非常显眼，裁剪时则采用"有绒毛织物"排料法，避免选用与明显的斜纹不相宜的裁剪纸样。劳动布的纱线容易脱散，要采用封闭式接缝。

④ 方格花纹和条纹织物在排料和裁剪时要特别留神。在接缝处要使格子或宽条纹配对，就需要多买些衣料。要比裁剪纸样上所规定的用料量多买1／4码或1／2码（0.25m至0.50m），具体视花纹大小而定。

⑤ 针织织物在缝制过程中必须轻拿轻放，以免织物伸长变形。要采用特殊的针迹和接缝整理以保持正常的伸长量。

⑥ 单向图案织物，如某种花卉、佩斯利涡纹旋花纹等要采用"有绒毛织物"裁剪排料法，以免该图案在服装的一边朝上，而在另一边朝下。边纹图案要横向裁剪，而不要纵向裁剪，且通常要多买些料。挑选能显示出边纹图案的裁剪纸样，以确定该买多少衣料。

## 和不同织物对应的缝纫技术有哪些？

| 类型 | 织物 | 平缝或边缘整理 | 接缝 | 机针号 | 线种类及粗细 |
|---|---|---|---|---|---|
| 透明薄织物至轻薄织物 | 纱罗织物、巴里纱、雪纺绸、透明硬纱、双绉、细网眼织物、丝网眼纱、网、乔其纱 | 加固的锯齿边，锯齿形 | 来去缝、假来去缝、自身滚边缝、双排针迹 | 9／65 | 特细：丝线、丝光棉线或棉／涤线 |
| 轻薄织物 | 丝绸、本色细平布、方格色织布、阔幅布、牛津（衬衫）布、印花棉布（平纹布）、轻薄型亚麻布、钱布雷布、泡泡纱、特里科经编织物、印花薄型毛织物、奥甘迪（蝉翼纱）、平纹细布、细薄织物、麻纱、上等细布、凹凸织物 | 加固的锯齿边，锯齿形，织边 | 来去缝、假来去缝、自身滚边缝 | 11／75 | 特细：丝线、丝光棉线；通用：棉／涤线 |
| 轻薄至中厚针织织物 | 棉针织织物、特里科经编织物、棉涤针织织物、平针织物、薄型针织套衫织物、弹力毛圈织物、弹力维罗呢 | 锯齿形，平直带包缝 | 双排针迹、直线和之字形针迹、窄之字形针迹、直线弹力针迹、弹力拉伸针迹 | 14／90 圆头针 | 通用：棉／涤线或长纤维涤纶线 |
| 中厚织物 | 棉布、毛、毛法兰绒、人造纤维、亚麻布及仿亚麻织物、摩擦轧光印花棉布、绉纹呢、华达呢、丝光卡其军服布、府绸、劳动布、灯芯绒、丝绒、平绒、维罗呢、塔夫绸、丝织缎纹织物、双面针织物 | 加固的锯齿边，锯齿形，织边，卷边并接缝，包边整理 | 关边缝、搭接缝、平式接缝、假平式接缝 | 14／90（针织织物用圆头机针） | 通用：棉／涤线、长纤维涤纶线或丝光棉线 |

续表

| 类型 | 织物 | 平缝或边缘整理 | 接缝 | 机针号 | 线种类及粗细 |
|---|---|---|---|---|---|
| 中厚织物／西服料 | 毛、混纺羊毛织物、粗花呢、法兰绒、华达呢、斜纹、马海毛、珠皮呢（结子线织物）、厚府绸、厚劳动布、双面针织物、纳缝织物 | 加固的锯齿边，锯齿形，织边，包边整理 | 关边缝、搭接缝、平式接缝、假平式接缝 | 14／90 16／100 | 通用：棉／涤线或丝光棉线 |
| 中厚至厚实织物 | 毛、混纺羊毛织物、重脂含杂毛法兰绒（人造）、毛皮、起绒织物、帆布、厚（棉）帆布、家具袋饰织物 | 加固的锯齿边，织边 | 关边缝、搭接缝、假平式接缝 | 16／100 18／110 | 粗实的棉线或棉／涤线，缝表层针迹和锁纽孔的线 |
| 无纹理（无纺） | 皮革、仿鹿皮织物、爬行动物皮（天然及人造）、鹿皮（呢）、小牛皮、塑料、毛毡 | | 关边缝、搭接缝、假平式接缝 | 14／90 16／100 楔形头机针 | 通用或粗实线（所有类型） |

# 什么是衬头？

衬头是面料的内层，用于支撑诸如衣领、袖口、腰头、口袋、驳头及纽孔等零件以使它们成型。即使简单的款式，也常需要衬头加固领口、贴边或贴条、折边等。衬头使服装有身骨，使服装虽经久洗、久穿仍挺阔如新。

衬头由各种纤维织成，因而有各种厚度。一种裁剪纸样可能需要一种以上的衬头。可根据流行织物的厚薄、需要的款式以及服装的洗涤方式选择衬头。一般来说，衬头与流行织物的厚薄应相同或更薄些。将两层织物和衬头悬挂在一起，查看织物和衬头的悬垂性是否协调。衣领、袖口通常需用较硬的衬头。对于透明的轻薄织物，用另一种流行织物作衬头则最佳。

衬头分机织衬头和无纺衬头两种。机织衬头有纵向纹理和横向纹理。裁剪时，必须与服装上待装衬头部分的纹理相同。无纺衬头将纤维黏合而成，无纹理。坚固的无纺衬头可以在任意方向上剪切，且不会脱散。弹力无纺衬头横向上有弹性，对针织织物最适合。

机织衬头和无纺衬头都有缝入式衬头和热熔衬头两种。缝入式衬头必须用别针或疏缝针迹定位，完全靠缝纫机针迹将衬头固定在位。热熔衬头的一面有一涂覆层，用蒸汽压烫时，该涂覆层会熔化，将衬头粘在织物的反面。热熔衬头的塑料包装上有使用说明。由于各种热

熔衬头的使用方法各不相同，所以要严格按使用说明操作。装热熔衬头时，需用一块湿压烫布来保护熨斗和产生更多的蒸汽。

选用热熔衬头还是缝入式衬头，通常依个人喜好而定。缝入式衬头所需的手工作业多些。热熔衬头操作快而简易，使衣服更挺阔。然而，有些柔软织物承受不了熔合所需的高温。像泡泡纱这样的花式织物就不能用热熔衬头，因为衬头熔合时，织纹也被破坏了。

衬头的厚薄不同，从透明至厚实，颜色通常为白色、灰色、本色或黑色。对于腰头、袖口及衩有专用省时衬头，且都有预制的针迹线使边缘平整。

可熔纤维网是另一种衬头辅助料，呈条状，宽度各异。它用以将两层织物黏合在一起，使缝入式衬头能与流行织物黏合。可熔纤维网也可用于在缝制前粘住折边，将贴花定位或固定补缀物。

# 衬头有几种分类？

热熔机织衬头厚薄度从中厚到更厚实的各种衬头都有一定的挺阔度，只是各有差异。裁剪时注意保持其纹理与衣片的纹理相同，或斜裁以方便成型。

热熔无纺衬头从透明薄到厚实各种厚度都有。坚固的无纺织物在各个方向上的伸缩性都极小，所以可以任意裁剪不必顾虑纹理。

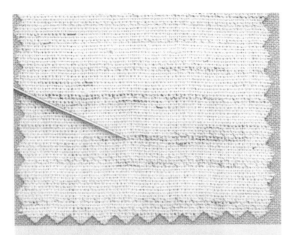

缝入式机织衬头可保持织物形状和特性，用于机织织物的自然成型。从透明硬纱、细薄织物至厚实的粗毛帆布等各种厚度都有。

缝入式无纺织物的厚薄、颜色、伸缩性、坚固程度及斜纹组合各异，适用于针织织物、有弹性的织物及机织织物。各种无纺衬头在使用前都要经预缩整理。

可熔纤维网是一种黏合材料，用于将两层织物不经缝纫而黏合在一起。虽然可熔纤维网不是衬头，但它能增加织物的硬挺程度而又不影响织物的伸缩性。

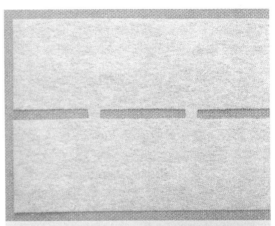

无纺可熔腰衬头一般预先裁剪成各种宽度或条状，用于使腰头、袖口、衩及直贴边的边缘更牢固、挺阔。其上面有预制的针迹或折叠线。

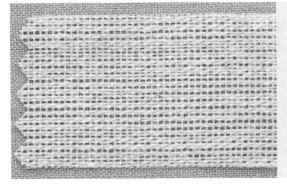

无纺缝入式腰衬头是一种厚实、边缘光洁的条状材料，用于硬挺坚固的腰头或腰带。其宽度尺寸有几种，可缝在腰头的背面或腰头的贴边上，但由于太过硬挺不宜缝入腰头缝中。

# 线的种类有哪些?

根据纤维、织物厚薄及针迹的用途挑选优质缝纫线。一般天然纤维织物用天然纤维线;合成织物用合成纤维线。右图为放大20倍的照片以便大家看清线的细节。

① 涤纶芯棉线是手工缝纫和机器缝纫都可用的通用线。适用于一切织物,如天然纤维织物、合成纤维织物、机织织物及针织织物(见图中1)。

② 特细涤纶芯棉线用于轻薄织物时不易使织物起皱;用于机绣时不会卷绕在一起或断裂(见图中2)。

③ 表层针迹及锁纽孔线用于缝表层针迹、装饰性针迹、机器锁纽孔及手工锁纽孔(见图中3)。

④ 手工绗缝线是一种结实的棉或涤/棉混纺线。在手工绗缝几层织物时不会缠结、打结或解捻(见图中4)。

⑤ 纽扣及地毯线适用于对强度要求格外高的手工缝纫作业(见图中5)。

⑥ 长纤维涤纶线光滑、均匀,适用于手缝或机缝(见图中6)。

⑦ 100%丝光棉线用于棉、麻、毛等这些天然纤维机织织物。对于针织织物,其伸缩性不够(见图中7)。

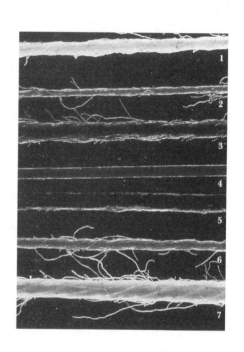

# 镶边及带子有哪些?

镶边和带子要挑选与织物和线相配的。大多数镶边、带子可以用机缝;但有些必须用手缝。装在可洗涤的衣服上的镶边要进行预缩水,以免尺寸不够。

① 单折斜纹带1.3厘米宽;阔斜纹带2.2厘米宽。有印花的也有单色的,用于作可嵌松紧带的套管、镶边和贴条(见图中1)。

② 双折斜纹带用于固定毛边。折叠宽度6毫米和1.3厘米(见图中2)。

③ 花边滚条是一种装饰性的花边折边嵌饰,用于各种织物(见图中3)。

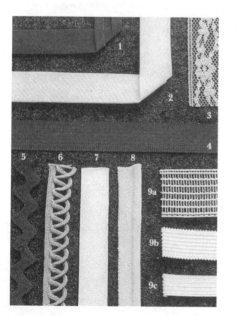

④ 接缝带用100%人造纤维或涤纶制成，宽1厘米，用于加固接缝，使折边光洁及加固破裂的角（见图中4）。

⑤ 之字形花边带宽度6毫米、1.3厘米及1.5厘米，用于引人注目的饰边（见图中5）。

⑥ 编结带有环形、饰带形及水手形，用作有特色的、旋涡形花边及束带、领带或环带式纽孔（见图中6）。

⑦ 人字形斜纹带用于加固接缝或卷成线条（见图中7）。

⑧ 衬线滚边是一种很显眼的饰边，嵌入接缝中装饰边缘并使其轮廓清晰（见图中8）。

⑨ 松紧带嵌入套管内，使腰带、袖口及领口成型。针织的（见图中9a）、机织的（见图中9b）松紧带比编结带式松紧带（见图中9c）要软些，不易卷曲，可直接缝到织物上。不会卷曲的松紧腰带有横向筋使其不会扭曲或卷曲。

# 纽扣及闭合辅件有哪些？

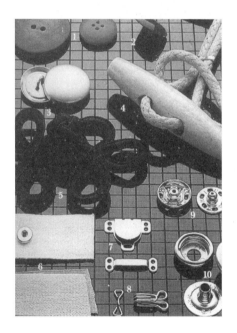

纽扣及闭合辅件，应挑选与服装能相互交融混为一体的，或者挑选与服装能形成鲜明对比的。闭合辅件可起封闭作用，也可作装饰用。

① 有眼纽扣，常用的通用纽扣有二眼或四眼纽扣（见图中1）。

② 有脚纽扣，在纽扣下有一"颈部"或杆部（见图中2）。

③ 本色布包纽扣，可用与服装相同的织物包裹纽扣，使颜色协调（见图中3）。

④ 套索扣是由索环及木杆组成的纽扣，附带皮革或皮革样饰物，用在服装的叠合区（见图中4）。

⑤ 盘花纽扣是由索环及球头组成的纽扣，可使特殊的服装显得更漂亮、时髦（见图中5）。

⑥ 揿纽和维可牢（粘扣）用在夹克衫、衬衫或便服的搭接部位起闭合作用（见图中6）。

⑦ 搭钩及襻用在裙子或裤子的腰带部（见图中7）。

⑧ 衣钩及钩眼是内用闭合辅件，有各种大小以适合于各种厚薄的织物（见图中8）。

⑨ 揿纽是内用闭合辅件，用于受力不大的服装部位，如袖口（见图中9）。

⑩ 特大型揿纽，俗名拷纽。用锤子或钳子之类的工具将拷纽钉在服装外面起装饰作用（见图中10）。

# 拉链有哪些种类？

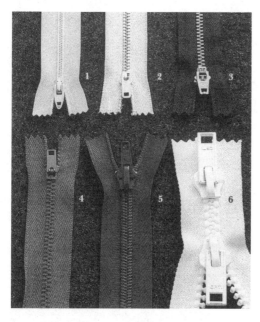

拉链有金属齿的和塑料齿的，两种类型都有适合各种用途的重量。环扣拉链重量轻、柔韧性好、耐热且不生锈。厚实的织物及运动服应用较重的金属拉链。虽然通常把拉链与服装融为一体，但有些拉链形大而色艳，就是为了引人注目。

① 涤纶通用拉链适用于各种厚度的织物。用于裙子、裤子、套装及居家装饰品（见图中1）。

② 金属通用拉链结实、耐用。用于裤子、裙子、套装、居家装饰品及运动服（见图中2）。

③ 铜质牛仔裤拉链是尾部封闭的冲压金属拉链。用于中等厚度的织物或以厚实织物缝制的牛仔裤、工作服和便服（见图中3）。

④ 金属开尾拉链有中型号和大型号的。用于夹克衫、运动服和居家装饰品。双面开尾拉链在拉链的正、反两面都有拉襻（见图中4）。

⑤ 模塑塑料开尾拉链重量轻、结实、耐用，可使与之相配的织物光滑、平整、丰满。此拉链具有的装饰性外观与滑雪服、户外服装相配（见图中5）。

⑥ 派克（大衣）拉链也是模塑塑料开尾拉链，带两个拉链和拉襻，从上或从下都能拉开（见图中6）。

# 排料、裁剪及作标记

一旦选定了裁剪纸样、织物及恰当的设备就可以开始制作服装。在裁剪前，一定要对织物进行恰当的预处理，并正确排放裁剪纸样。

许多织物的预处理及排料与织物纹理有关，纹理是织物纱线的走向。

机织织物由纵向纱线与横向纱线交叉织成。当纵向纱线与横向纱线相交成直角时，织物为纹理正。如果不相交成直角，织物则出现纹理斜。裁剪前，织物必须纹理正。如果在纹理斜的情况下裁剪，那服装无论是挂着还是穿着都不可能平整。

纵向纱线的方向称作经向纹理，与布边平行。布边是沿织物纵向边的狭窄而编织紧密的边缘。由于经向纱线比纬向纱线结实且坚固，所以多数服装都顺经向纹理裁剪，经向纹理是垂直走向。横向纱线形成纬向纹理，与布边成直角走向。大多数织物，纬向纹理稍有伸缩性。有边纹图案的织物常常沿纬向纹理裁剪，以便边纹图案在服装上处在水平位置。

与经向纹理及纬向纹理相交的对角线称作斜纹。沿斜纹裁剪的织物比沿纹理线裁剪的织物伸缩性大。正斜纹应该是斜纹线与直线成45°角相交。在这一角度时，伸缩性最大。沿正斜纹线剪切的斜条常常用于滚弧形边缘，如领口、袖筒。格子花纹和条纹沿斜纹剪切能增加服装的美感，沿斜纹裁剪的服装通常有点松垂。

针织织物是联锁纱线环，织成罗纹。罗纹与织物的纵向边平行。罗纹的方向可比作机织织物的经向纹理。与罗纹成直角的一排排纱线环称作线圈横列，可比作机织织物的纬向纹理。针织织物无斜纹或布边。有些平针织物有穿孔的纵向边缘，看起来有些像布边，但不能作为确定真正的纵向纹理的依据。针织织物的横向伸缩性大，裁剪时使横向纹理围绕身体水平走向，穿着最舒适。

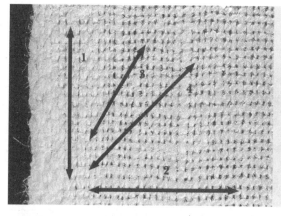

机织织物有经向（见图中1）和纬向（见图中2）纱线。经向纱线更结实，因为经向纱线在机织过程中必须承受更大的张力。斜纹（见图中3）为任意对角线方向。正斜纹（见图中4）为45°倾斜角，伸缩性最大。

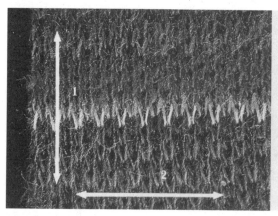

针织织物有两种，纵向线圈（见图中1）与织物长度方向平行，横向线圈（见图中2）与纵向线圈成直角。有些针织织物是平的，另一些则织成圆筒状。如果需要在单层上裁剪，圆筒状针织织物可沿纵向线圈裁开。

# 怎样预处理织物？

　　在排裁剪纸样前，预处理织物是必要的步骤。一般织物上的标签会注明该织物是可水洗的还是可干洗的，以及缩水率为多少。如果生产厂家未对该织物作预缩水处理，或者标签注明该织物缩水率大于1%，那么在裁剪前，必须对织物作预缩水处理。针织织物常常需要作预缩水处理，因为预缩水处理可除掉所上的浆，所上的浆有时会引起跳针。拉链及饰带可能也需要作预缩水处理。可干洗的织物可用蒸汽压烫法预缩水或由专业干洗人员预缩水。如果打算用热熔衬头，预缩水就格外重要，因为热熔衬头需要的蒸汽比通常的压烫要多，这可能会引起织物收缩。为了确保织物纹理正，应先校直织物的横头。可通过拉一根纬线，也可通过沿一种机织花纹或针织织物的一条线圈横列剪切的方法校直织物的横头。然后，纵向折叠织物，对齐布边及横头。如果织物鼓气不平，说明纹理斜。略有纹理斜的织物可用蒸汽压烫校直。沿布边及两端头用别针固定，使边缘对齐，从布边向折叠处压烫。纹理偏斜厉害的织物应该在与布端头倾斜方向相反的方向上牵拉织物以达到校直目的。定型整理过的织物不可能校直。

# 怎样进行织物预缩水处理？

预缩可水洗的织物可采用与制成的服装同样的洗涤和晾干的方法。也可将织物浸入热水中，30分钟至1小时后，轻轻地将水挤出，采用与制成的服装同样的方法晾干。

用蒸汽压烫法预缩可干洗的织物。均匀地喷出蒸汽，与织物纹理成水平方向或垂直方向（勿沿对角线）移动熨斗。蒸汽压烫后，将织物放在光滑、平整的台面上晾干4～6小时或直至干透。

# 怎样校直织物横头？

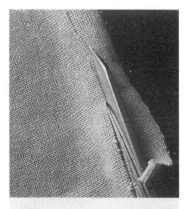

用拉纱线的方法校直机织织物。剪开一布边，轻轻拉出1～2根纬向纱线，用另一只手沿纱线推动织物直达相对的那条布边，沿拉出的纱线剪去织物。

沿线剪切可校直具有条纹、格子花纹、格子组织或其他机织图案的织物，注意要沿一条明显的纬线剪切。对有散乱印花图案的织物不能用此种方法，因为图案可能不是顺着纹理印制的。

沿线圈横列剪切可校直针织织物的横头。如果先用颜色鲜明的线沿线圈横列绗缝或用铅笔或粉笔先作标记，然后再剪，就会容易些。

# 怎样排裁剪纸样？

排裁剪纸样前要先准备较大的工作区，例如放上裁剪板的一张桌子，或别的大而平整的平面。将所有需要缝制式样的裁剪纸样图集中在一起，用干、热熨斗压平皱褶。在裁剪纸样说明上找出正确的排料图，以及织物宽度和裁剪纸样的尺寸。对起绒织物或其他有方向性的织物，选用"有绒毛织物"的排料图。用彩色笔圈出选用的排料图，以免看错。

按排料图所示折叠织物。大多数织物裁剪时正面折在里面，这样便于作标记且缝得快，因为缝制时有些裁剪纸样图仍固定在位。棉、麻织物在布卷上通常正面朝外，而毛织物则反面朝外。织物的正面看起来更光亮、平整，有更明显的织纹，布边看起来更光洁。如果你不能断定哪面是正面，那就选用你喜欢的一面作正面，并一直把该面当作正面。在裁剪时正、反面色差可能并不明显，而在制成的服装上可能很显眼。

排料图上标明了布边与折叠的位置。多数织物裁剪时都沿经向纹理折叠。如果该织物裁剪时要沿纬向纹理折叠，在排料图上，折叠位会标注"横向折叠"。对起绒织物或其他有方向性的织物不应采用横向折叠。

按排料图将裁剪纸样图放在织物上。裁剪纸样图上所用的符号、标记都是标准化的，对于所有大型的裁剪纸样制作公司都通用。白色的裁剪纸样图表示裁剪时印有内容的一面朝上；有阴影的裁剪纸样图表示裁剪时印有内容的一面朝下。虚线表示该张裁剪纸样图应该重复用一次。

如果一张裁剪纸样图的一半是白色，另一半有阴影，该图应在折叠的织物上裁剪。先裁剪其他图，然后再折叠织物，最后裁剪此图。标示着伸出折叠处的裁剪纸样图要在单层织物上裁剪，而不是在通常的双层织物上裁剪。先将其他图裁剪后，再将织物展开，正面朝上，将图上的纹理箭头与织物的直纹理对准，以此确定该裁剪纸样图的位置。所有的裁剪纸样图都到位后，按下述指示用别针将图固定在织物上。在所有的裁剪纸样图定位之前，切勿裁剪。

# 怎样用别针将裁剪纸样图定位？

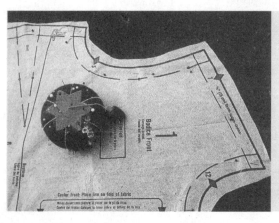

① 将待裁剪的裁剪纸样图放在折叠的织物上。每一张图都直接沿折叠边缘放置，用别针对角将图的角别住。继续在做缝里别上别针，使别针与裁剪线平行。别针的间距约7.5厘米，在圆弧处或在滑溜的织物上，别针的间距要小些。

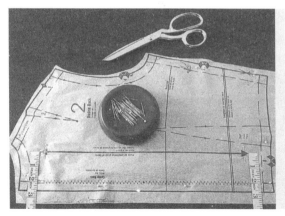

② 将直纹理裁剪纸样图放在织物上，使纹理线箭头与机织织物的布边平行，或与针织织物的纵向线圈平行。从箭头的两端分别量至布边或纵向线圈，移动裁剪纸样直至两端与布边（或纵向线圈）的距离相等。在纹理线的两端别上别针，使裁剪纸样图不移位。然后，按第一步中的指示继续别别针。

# 如何对格子花纹和条纹织物进行排料？

　　格子花纹和条纹织物适宜于简单的款式，因为复杂的款式会减损甚至歪曲织物的花纹。要避免选用有对角胸线省或横向长省的款式，也要避免选用标明"对格子花纹和条纹不宜"字样的裁剪纸样。

　　为了在接缝处能满足花纹拼接的需要，要多买一点料。需多买多少料取决于重复花纹的大小（一个完整的花纹或图案包括其颜色所占的整个区域）以及主要的裁剪纸样图的数量和长度。通常多买¼至½码（0.25～0.50米）就足够了。

　　格子花纹均等的和条纹均衡的织物比格子花纹不均等的和条纹不均衡的织物容易缝制。格子花纹均等的织物在经向和纬向上颜色和条纹的布局是相同的，重复花纹所占的区域是一个正方形。而格子花纹不均等的织物，在经向或纬向上或同时在两个方向上颜色、条纹的布局都不相同。条纹均衡的织物在经向和纬向上以同一次序重复条纹，而条纹不均衡的织物则不然。为了在接缝处相配，所有格子花纹不均等的织物及一些条纹不均衡的织物都必须进行单层裁剪。每种裁剪纸样图要用两次，裁剪时间也要增加一倍。

　　要确定一种格子花纹是均等的还是不均等的，可在织物的一个角上，对角折叠一个完整的格子花纹。格子花纹均等的，其经向和纬向的色档相配。而格子花纹不均等的，则在一个方向甚至两个方向都不相配。如果色档对角相称，则用另一种方式再试一下，确保格子花纹均等。将织物的一个完整格子花纹纵向或横向对折，如果格子花纹是均等的，则对折的两半图案相对称。有些不均等的格子花纹会通过对角折叠的试验，而难以通过纵向／横向对折的试验。为使制成的服装看起来平衡，务必使主要的色档无论是纵向还是横向都处在恰当位置。请按下列步骤操作：

将醒目的纵向色档安排在袖子的中央、覆肩及衣领处。

将主要的横向色档安排在服装的边缘或边缘附近，如衣服的底边缘、袖筒边缘，不包括喇叭状张开的下摆式样。避免将主要的横向色档安排在胸围或臀围最丰满部位以及腰围部，因为这样会使这些部位看起来更大。

对两件套的服装，夹克衫上的纵向色档要与裙子上的纵向色档相称。将主要的纵向色档安排在前后片的中央位置。

虽然花纹并不可能在每一条接缝处总是相配，但要尽量设法使其相配：让横向色档在纵向接缝处，如前片、后片的中央部位及腋缝处相配；装袖与前大身在袖筒V形剪口处相配；在可能相配处，使纵向条纹相配；使口袋、前襟及其他零件与它们所在位置周围的花纹相配。

在格子花纹织物及条纹织物上排料时，要使针迹线而不是裁剪线相配。如果在裁剪时织物可能发生移位，在用别针将裁剪纸样定位前，先用别针或疏缝胶带将织物沿相配的色档固定。

# 怎样判断格子花纹均等或不均等？

格子花纹均等的织物，在沿任一完整的格子花纹的中心对角折叠时，均等的格子花纹呈现相配的条纹和色档。纵向或横向对折格子花纹时，两半面上的花纹图案对称。

格子花纹不均等的织物，在沿任一完整的格子花纹的中心对角折叠时，不均等的格子花纹会呈现不相配的条纹和色档。有些不均等的格子花纹在对角折叠时可能相配，但纵向或横向对折时，花纹图案却不对称。

## 怎样使不均等格子花纹相配?

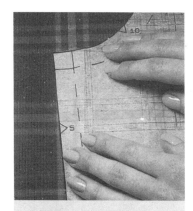

① 将裁剪纸样图的前片或后片放在织物上。在腋缝剪口的区域内将格子花纹图案描到裁剪纸样图上。注意区别不同的颜色。

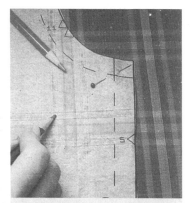

② 将毗连的裁剪纸样图覆在第一张裁剪纸样图上,使剪口及重叠的接缝线相配。在第二张裁剪纸样图的反面描绘格子花纹图案。

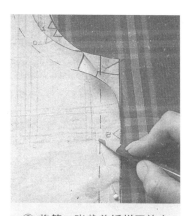

③ 将第二张裁剪纸样图放在织物上,让描绘的花纹图案与织物上的图案相吻合,并用别针定位。对于其他需要相配的裁剪纸样图,重复这三步即可。

## 有格子花纹织物怎样排料?

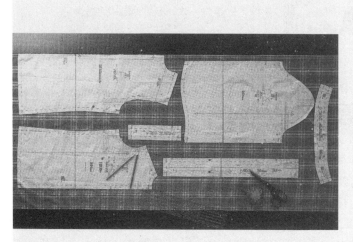

格子花纹均等织物的排料可参照裁剪纸样说明上,有"无绒毛"或"有绒毛"字样的排料图,但是按有"有绒毛"字样的排料图操作最佳。沿针迹线的剪口及符号应在腋缝及前、后衣片的中心处相配。将中心接缝放平直,这样接缝线直接位于一个完整的格子花纹图案的中心。袖口和口袋上的格子花纹应该与它们在服装上所占位置区域内的格子花纹相配。对两件套的服装,将两件衣服前、后片的中央区沿格子花纹的同一种主要色档安排。

# 有方向性的织物怎样排料？

有方向性的织物包括起绒织物，如灯芯绒、平绒及法兰绒；长毛绒织物，如人造毛皮；光滑织物，如塔夫绸和缎；有单向图案的印花织物。其他可能有方向性的织物包括斜纹织物，如劳动布和华达呢；针织织物，如乔赛、单面或双面针织物，从不同的纹理方向看，这些针织物颜色或深或浅。

为避免服装看起来有两种色调，或其花纹图案有两种走向，排料时必须使所有的裁剪纸样图的顶端朝同一方向。起绒织物裁剪时，绒毛朝上或朝下都行。绒毛朝上，颜色深些，看起来更富丽；绒毛朝下，颜色浅些，通常更耐磨。对于长毛绒织物，绒毛朝下，外观最佳。对于光滑织物，在你喜欢的任意方向上裁剪都行。单向花纹图案的印花织物裁剪时，要注意使花纹在制成的服装上保持正面朝上。

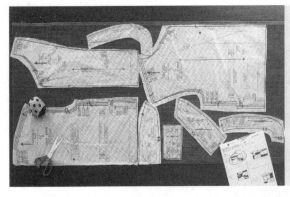

先选定织物纹理的走向，然后按照裁剪纸样说明上标注有"有绒毛"字样的排料图，将裁剪纸样图放到各自位置上。为了保证排料正确，在每一张裁剪纸样图上画一个朝向裁剪纸样图顶端的箭头。有时裁剪纸样要求横向折叠，遇此情况，按排料图所示，折叠织物，然后沿折叠线裁剪即可。将上层织物转个向，使绒毛的走向与下层织物绒毛的走向一致，随后两层同时裁剪。

# 裁剪要领有哪些？

裁剪桌应安放在使操作者能围绕它走动的位置上，以便操作者从任何角度都够得着裁剪纸样。如果裁剪桌不能安放在这样的位置上，那就将裁剪纸样图分组剪下，以便在裁剪时能转动这些被划分成小片的裁剪纸样图。

由于裁剪一次成型无法弥补错误，所以精确地裁剪很重要。裁剪前，检查两遍裁剪纸样图是否在正确位置上及更改部分是否正确。裁剪格子花纹织物、单向花纹织物或有方向性的织物前，要检查织物是否已折叠、排料是否正确。疏缝胶带对防止织物移位有用。厚实织物和蓬松织物采用单层裁剪能更精确。裁剪光滑织物时，在裁剪桌上铺一条床单、一床毯子或其他不易滑动的材料，裁剪操作会更方便。

选用锋利的普通刀片或细齿刃口刀片的曲柄裁缝剪刀，刀长18厘米或20.5厘米。剪程要长，剪切要稳，直接在深色的裁剪线上剪。在弧线处，剪程要短。裁剪时一手压在裁剪纸样上裁剪线的附近，以防裁剪纸样移位，从而更好地控制操作。回转式裁衣刀尤其适用于裁剪皮革、光滑织物或几层织物。使用左手或右手操作的缝纫工都可使用回转式裁衣刀。为保护裁剪台面，需用一块裁剪垫。

剪口可从剪口标记向外剪，或在做缝上剪短切口。要小心剪切，不能超过接缝线。可用切口标示折叠线、省及褶裥的针迹线，也可在衣片的上端和下摆处标示前、后片的中心线。在裁剪纸样上的袖山根部最高点上方剪个切口作标示。在蓬松或稀松织物上，切口不显眼，可将裁剪纸样上的剪口一直剪到容许的极限。也可剪连续的两个或三个剪口合为一组标示，切勿太分散。

裁剪完毕，将碎料留着用于试针迹、试压烫技术、试做纽孔或试做包纽。为标示准确和易于鉴别，裁剪完毕仍将裁剪纸样图用别针固定在位，直到准备缝制那块衣片时再取下。

所选用的裁剪纸样可能需要一些斜条，用在诸如领口、袖筒等处滚毛边。如果斜条能在一块足以满足所需滚边长度的织物上裁剪则最理想。当然斜条也可以拼接，以达到所需长度。

## 怎样裁剪和拼接斜条？

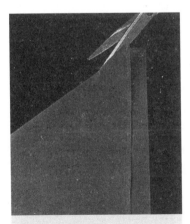

① 对角折叠织物，使纬向纹理的直边与布边或经向纹理平行。折叠线就是正斜滚条。沿折叠线裁剪，标示出第一根斜线。

② 画斜线。用标记笔或画粉以及码尺或透明直尺连续画斜线，沿线裁剪。如果裁剪纸样上要求用斜条滚边，会规定斜条的长度和宽度。

③ 按需拼接斜条。正面相对，短边对齐，用别针将斜条别在一起。斜条成"V"字形，缝6毫米的接缝。将接缝翻开，压平。将接缝角修去，与斜条边齐平。

# 作标记要领有哪些？

　　裁剪后，卸下裁剪纸样前，要将关键的裁剪纸样符号转画到织物的反面。在制作服装的各个阶段，这些符号一直可作为参照。应该画出的裁剪纸样符号包括制作符号和标示零件位置的符号。

　　通常是在织物的反面作标记。有些裁剪纸样符号，例如口袋的位置、纽孔，应该从织物的反面转画到织物的正面（不是在织物的正面作标记）。为此，在织物的反面手工或机器缝疏缝，疏缝线即是织物正面的标示线。折叠线可用压烫法来作标示。

　　转画标记的方法有几种，不同的方法适用于不同的织物。请选用能使你最快、最准确地转画标记的方法。

　　用别针是快速转画标记的方法。不应该在精细织物及丝绸、人造皮革等上面使用别针，因为别针会在这些材料上留下永久性的痕迹。由于别针可能会从稀松织物或针织织物上滑落，所以只有在准备立即缝制时使用别针作标记才行。

　　裁缝用画粉或标记笔配上别针是适用于大多数织物的方法。

　　描线轮和复写纸是快速、准确画标记的方法。此方法最适用于平纹、表面平整的织物。描线轮可能会损坏某些织物，所以先在碎料上试一试。描线前在织物下放一层卡片纸以保护桌面。对于大多数织物，描线轮可同时在两层织物上画线。

　　液体标示器是为织物特制的，用毛毡作笔尖的笔。液体标示器透过裁剪纸样的薄纤维层将标记转移到织物上。液体标示器的墨水能用水洗去，或会自行消失，所以它可以在大多数织物的正面画标记。

　　机制疏缝可将标记从织物的反面转移到织物的正面，也可用于标示复杂的相配合点或基准点。在织物反面画上标记后，用缝纫机在标志线上缝疏缝。采用长针迹或快速疏缝针迹，梭心上用色差明显的线，标示出织物正面。要标示一个基准点，用普通针迹长度和相配的线在接缝线上缝。留下针迹可起加固作用。

　　除了非常疏松的粗花呢和一些蓬松的羊毛织物之外，在大多数织物上都可以用剪切口或夹回形针。用剪刀的尖头在做缝中剪开3～6毫米。

　　压烫可用于标示折叠线、缝裥或褶裥，并可用于任意有折痕的织物。

## 怎样用画粉、标记笔或液体标示器作标记？

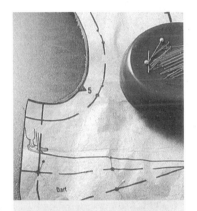 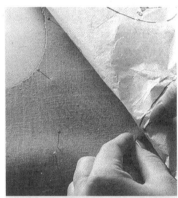 

① 插：在标记符号处用别针直刺穿过裁剪纸样和两层织物。

② 移：小心地将裁剪纸样拉出别针头。在上层织物的反面别针别住的点上，用裁缝用画粉或标示器作标记。

③ 翻：将织物翻转。在另一层织物上别针别住处作标记。卸掉别针，把两层织物分开。

## 怎样用疏缝或压烫作标记？

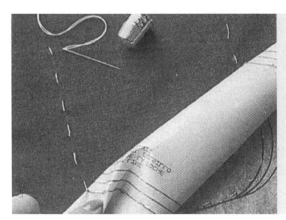

手缝长短相间的针迹在一层织物上作标记。沿实线将裁剪纸样与织物缝在一起，裁剪纸样一面用短针迹，织物一面用长针迹。小心地将裁剪纸样剥离织物。

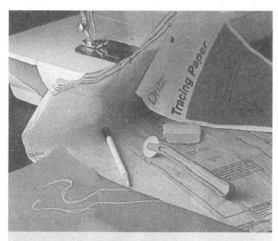

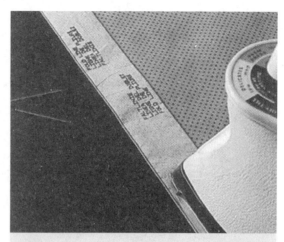

机制疏缝将织物反面的画粉或复写纸标记转移到织物正面。梭心上用醒目的线，采用缝纫机上最长的针迹。不能在易损坏的织物上采用机制疏缝，也不能在机制疏缝上压烫。

用压烫标示折叠线、缝裥和褶裥。将裁剪纸样与一层织物用别针别住，沿标示线折叠裁剪纸样和织物，沿折叠处用干熨斗压烫。

## 怎样用描线轮和复写纸作标记？

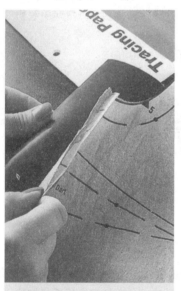

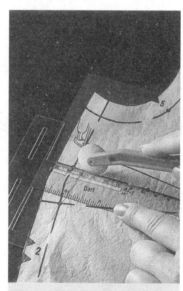

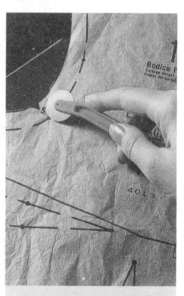

① 将复写纸放在裁剪纸样下面，有碳的一面朝着各层织物的反面。

② 用描线轮滚过要标示的线，包括省的中心折叠线，借助直尺画直线。

③ 画短线与针迹线成正交或者"×"来标示点和其他的大记号。用短线标示省或褶裥的端头。

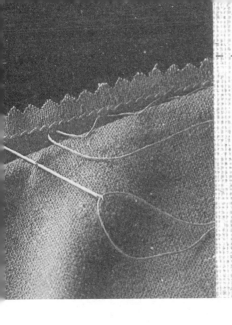

# 缝纫技术

## 如何手缝?

　　某些缝纫技术在手工缝纫时体现得最充分。这些技术包括疏缝、装饰针迹、粗缝及折边。

　　剪一段长46～61厘米的通用线进行手缝。将线从蜂蜡中穿过,可增加其强度,也可避免扭结。用短针(圆眼短针或绗缝针)缝折边;用较长的针缝疏缝。

　　淌针针迹用于手工疏缝,为试穿或缝制用。此种针迹暂时将两层或多层织物缝在一起。缝纫新手可能会觉得先用手工疏缝,再用别针固定和机制疏缝要方便些。

　　回针针迹是手缝针迹中最牢固的。在难以到达的部位或者缝纫机难以缝制的里层用此种针迹。此种针迹正面的外观像机制针迹,而在背面则是重叠的针迹。

　　刺点针迹是回针针迹的一种变化。织物正面只留下极细小的针迹。它用于装饰性的表层针迹或手工装拉链时。

　　暗缝针迹短而松,是一种几乎看不见的针迹。此针迹用于缝折边、粗缝贴边或贴条、整理腰头,一般用在整理过或折叠的边上。

　　之字形针迹可以在一条粗缝毛边上平展地缝制,也可在有衬里的服装上用作折边针迹。暗之字

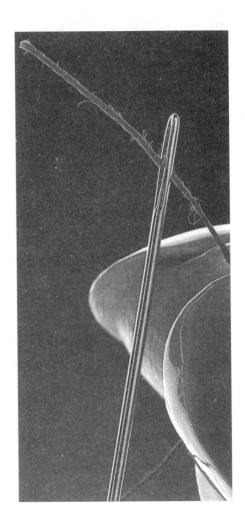

形针迹隐藏在衣片和折边之间。因为这种针迹富有弹性，对针织织物尤其适用。

暗针针迹位于折边和衣片之间，所以看不见针迹，更不会使折边的上边缘在衣片的正面形成一条隆脊。

## 怎样穿针引线及锁住针迹?

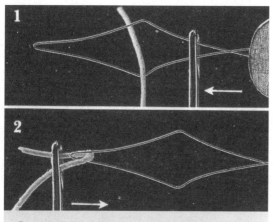

① 将穿针器的钢丝插入针眼，再将线穿过钢丝环（见图中1）。

② 将钢丝抽出针眼，再把线拉过针眼（见图中2）。

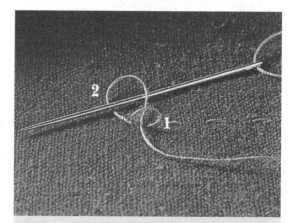

在手缝针迹线的首端和尾端用回针针迹锁住。在织物反面挑一短小针迹，把线拉成一小环（见图中1），让针穿过小环，带线过环形成另一个小环（见图中2）。再让针穿过第二个小环，把线拉紧。

## 什么是直针迹?

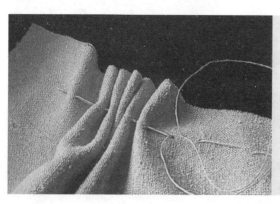

淌针针迹。让针连续随意缝几针针迹，再拉针穿过织物。用回针针迹锁住针迹端头。长度为6毫米的短而均匀的针迹能紧扣织物。由一个长度为1.3厘米的长针迹和一个短针迹组成的不均匀的疏缝，可用于直缝或稍呈弧形的接缝。

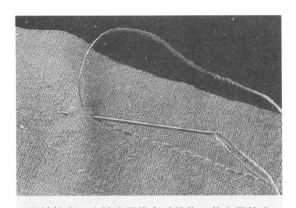

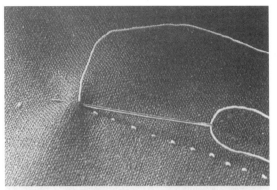

回针针迹。让针连同线穿过织物，从上面拉出针线。在线穿出点后面1.5～3毫米处插入针。引针向前，在线穿出点前面等距处拉出针和线。照此继续缝制。下层织物上针迹线长度是上层织物上针迹线长度的2倍。

刺点针迹。让针连同线穿过织物，从上面拉出。在线穿出点后面相距一根或两根织物纱线处插入针。引针向前，在线穿出点前面3～6毫米处拉出针和线。上层织物表面的针迹应为非常细小的"刺点"。

# 如何缝折边针迹？

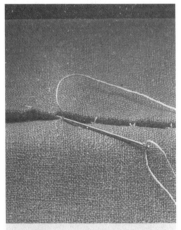

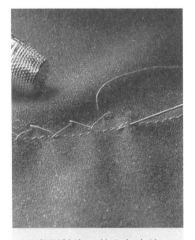

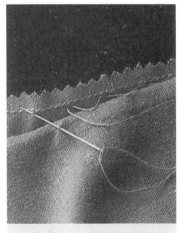

暗缝针迹。短而松，左手握住折叠的边，从右向左缝。让针穿过折叠边，向上拉出针和线。正对线穿出点在衣片上缝一个针迹，此针迹只扣住一根或两根织物纱线。让针在折叠边中穿行约6毫米。如此继续。

之字形针迹。从左向右缝，针尖朝左。在折边边缘缝一细小水平针迹，在衣片上缝另一细小水平针迹，位置在第一针迹右边，距第一个针迹约6毫米。让针迹交叉，如此交替缝制成之字形针迹。暗之字形针迹如同暗缝针迹般缝制，让折边位于外侧。

暗针针迹。从右向左缝，针尖朝左。将折边边缘往回卷约6毫米。在衣片上缝一非常小的水平针迹，下一个针迹缝在折边上，位于第一针迹左边6～13毫米处。如此不断交替缝制。务必仔细，要使衣片上的针迹非常细小，不要把线拉得过紧。

# 机缝要领有哪些？

许多传统的手工缝纫技术现在完全可以由机器来完成。完整地缝制一件衣服最快的方法是用机器缝。认真读一读缝纫机使用说明书，以便熟悉可用机器缝制哪些针迹。

开始缝制时，先将线头拉到缝纫机针后面，以免线头卡在送布牙中。

使用合适的针板。直针迹针板能防止巴里纱这样的薄纱、细薄织物或轻薄针织织物被扯入送布牙。此针板只有在缝制直针迹时才与直针迹压脚一起使用。

使用接缝导向器以便保持做缝均匀。将接缝导向器装在缝纫机台板上，可调节接缝宽度为3~32毫米。缝弧形接缝时，接缝导向器会转动，对非常狭窄或非常宽的接缝特别有用。

以适合于织物的速度和针迹均匀地缝制。长接缝可以全速缝制；弧形接缝和拐角处缝制时慢些。

针迹不要越过别针。勿将别针别在朝缝纫机台板那面的织物上，因为那样别针会与送布牙相碰。

进行缝纫作业时使用合适的附件。参看缝纫机使用说明书以确定要用哪种附件。

在针迹线的首端及尾端缝回针针迹或打结以锁住针迹，这样针迹线不会被拉出来。

缝接缝及滚边缝合时，采用连续缝制技术可节省时间。

# 怎样缝回针针迹？

① 将机针定在距织物顶边1.3厘米处，放下压脚，把缝纫机调节到倒缝。缝纫机作倒缝到边缘。

② 将缝纫机调节到向前缝制，然后一直缝到织物边缘，但不能超过织物边缘。将缝纫机调节到倒缝，倒缝大约1.3厘米长的距离。

③ 升起机针，从机针的后面和左边挪出织物，齐针迹尾端剪断线。

# 怎样在端头打结？

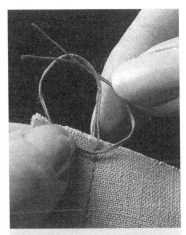

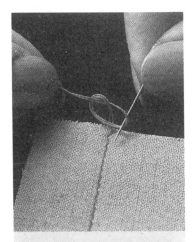

① 剪断线，留10厘米长的线头。左手捉住线绕成一圆环，右手将线头穿入圆环。

② 左手捉住线端头，将别针插入圆环，把圆环拨得紧贴织物。

③ 拉扯线端头，把圆环拉成一结子。抽出别针，齐结子剪断线头。

# 怎样连续缝制？

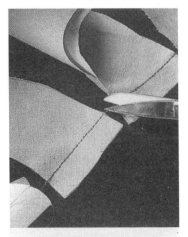

① 连续缝到一条接缝或一块织物裁片的端头，继续缝至超出织物的边缘直达另一块织物裁片，勿剪断线或升起压脚。

② 继续不断尽可能多地缝接缝。

③ 剪断每块织物裁片之间的连线，翻开接缝并压平。

# 机缝技术有哪些?

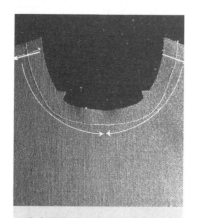

滚边缝合是一条在单层织物上距接缝边缘1.3厘米的普通机器缝制的针迹。这种针迹用于领圈、臀围线、腰围线这样的弧形和角形部位,以防止这些部位在缝制过程中伸长。顺着纹理缝或定向缝,通常是从服装的最宽处缝向最窄处。

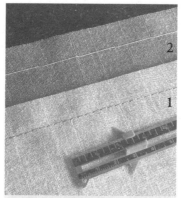

疏缝针迹(见图中1)是缝纫机上最长的针迹,用于临时将两层或多层织物合在一起,便于缝制、压烫或试穿。有些缝纫机有特长快速疏缝针迹(见图中2)。为便于拆去疏缝针迹,缝制前需先减小面线张力。

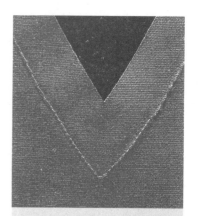

加固针迹是每英寸(2.54厘米)18~20个针迹,缝在接缝线上,用于在应力集中点加固织物。它也用在拐角或必须剪开的弧形部位,例如V字领的"V"形、方领的直角等。

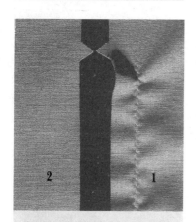

松弛针迹是缝在单层织物接缝线上的一行针迹,用于在一条接缝一边(见图中1)的织物稍有盈余时将织物略微抽紧,以便能平整地与无盈余的那层织物的边缘(见图中2)相配。采用长针迹,稍微减小张力。

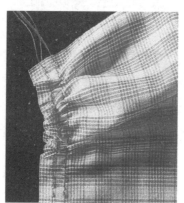

收皱针迹是缝在接缝线上的长针迹线。为更好地控制收皱,通常在做缝中,于距第一行针迹线6毫米处缝第二行针迹。缝制前稍微减小面线张力,抽紧底线,即可收皱。

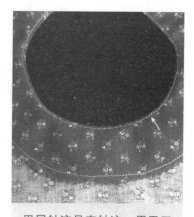

里层针迹是直针迹,用于压住贴边(或贴条)不朝织物的正面翻卷。修剪和压烫做缝,使其折向贴边(或贴条),然后紧挨接缝线在贴边(或贴条)的正面缝。

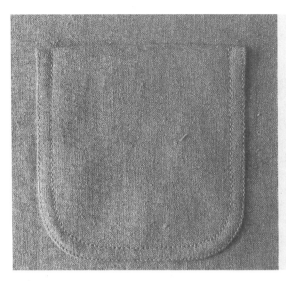

表层针迹是在服装正面的针迹。用通用线、表层针迹线和锁纽孔线在服装正面缝。为使针迹更显眼，要稍微加长针迹和减小张力。

# 剥离针迹的两种方法是什么？

将线缝剥离器尖端插到针迹线下。拉紧织物边，每次轻轻地剥离一或两个针迹。不能沿接缝滑动剥离器，只在针迹线被遮蔽时才用这种技术。

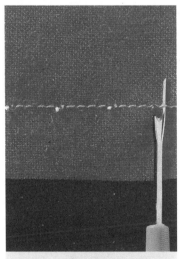

① 剥离裸露的线缝时用线缝剥离器或尖头剪刀在线缝的一边将针迹线割断，间距为1.3～2.5厘米。

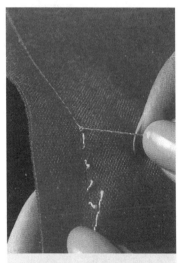

② 拉扯掉在线缝的另一边的线，用毛刷或胶带将断线除去。

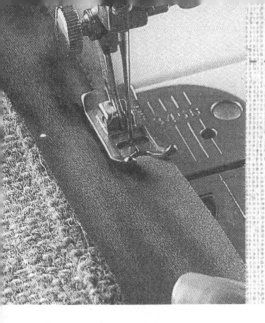

# 接缝

在服装制作中接缝是基本要素。将两片织物缝在一起就形成接缝，通常接缝距裁剪边缘1.5厘米。服装做工是否考究就看接缝是否完美。起皱的、歪歪扭扭的、不均匀的接缝不仅影响外观，穿着也不舒服。

接缝除了能将衣片连接在一起，也能被用作图案的要素。如将接缝缝制在不寻常的位置或用颜色对比鲜明的表层针迹缝制，将会给服装增色不少。

多数平缝需要整理以防止脱散。接缝整理是处理或封闭做缝毛边的方法，使接缝边缘耐磨且不易脱散。

变化的平缝有滚边缝、封闭式接缝、表层针迹缝、松弛针迹缝。有一些，如平式接缝可增加强度或便于成型。另一些，如来去缝、滚边缝可使服装更美观、耐穿。

## 机缝如何接缝？

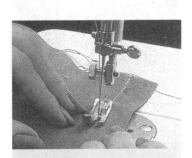

① 让织物主体置于机针左侧，织物上裁剪的边缘在机针右侧。缝制时，用双手轻按、轻推织物。

② 利用刻蚀在缝纫机针板上的导向线，缝制平直接缝。此外，为使接缝不扭曲，还可借助于接缝导向器或与机针保持所需距离的遮蔽胶带。

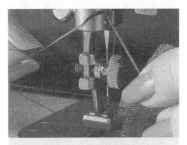

③ 缝制结束，利用装在压紧杆部件背面的割线刀割断线或用剪刀剪断线。

# 怎样缝制平缝？

① 使织物的正面相对，用别针别住接缝，别针间距相等，剪口和其他标记都准确地对齐。使别针与接缝线成直角，通常距边缘1.5厘米。别针尖恰好超过接缝线，别针头朝向裁剪边缘以方便取下别针。

② 采用回针针迹固牢接缝首端，然后沿接缝线缝制，边缝边取下别针。接缝尾端亦用回针针迹缝缝1.3厘米以固牢针迹。注意修剪线头。

③ 在织物的反面接缝线上压烫，烫平接缝，使针迹切入织物，然后将接缝翻开压烫。压烫时，用手指或尖角翻转器的钝端将接缝翻开。遇弧形接缝，例如裙子或裤子的臀部，用熨斗压烫衬垫的弧形部分垫着压烫。

# 如何进行接缝整理？

接缝整理对女装起着点睛作用，对所有的服装起着改进外观的作用。经整理的接缝能防止机织织物脱散，针织织物不卷曲。接缝整理也起着加固接缝的作用，使服装耐洗、耐穿，在更长的时间内看起来新美如初。

接缝在缝制时，即在与另一条接缝交叉前就应该整理。整理不应增加接缝厚度，或压烫后在服装正面显出压痕。如果没有把握确定采用何种整理，可在织物碎片上试试几种整理，以便确定最佳的一种。

下面所述接缝整理都以平缝开始，也可用作贴边（或贴条）、折边等的毛边整理。

布边整理不需要再缝，适合于机织织物的直缝。布边整理要求调整裁剪纸样的布局，以便使接缝位于布边上。

加强缝及锯齿边接缝整理适合于织得很密实的织物，这是一种又快又容易的整理，可防止织物脱散或卷曲。

翻转及加强缝整理（亦称作光洁整理）适合于轻薄至中等

厚度的织物。

之字形针迹接缝整理适合于针织织物，可防止织物脱散，因为之字形针迹比直针迹整理弹性大。此种接缝整理利用自动之字形锁缝缝纫机上内存的针迹。

## 如何进行基本接缝整理？

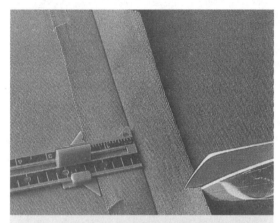

布边整理。调整裁剪纸样布局，使接缝边缘位于布边上。为防止收缩和起皱，接缝缝制后，在两层布边上斜剪一些剪口，间距为7.5～10厘米。

加强缝及锯齿边整理。分别在距两条做缝的边缘6毫米处缝一行针迹。将接缝翻开、烫平，用锯齿边或月牙边剪刀紧挨针迹修剪。

## 怎样进行翻转及加强缝整理？

① 分别在距两条做缝的边缘3～6毫米处缝一行针迹。在直边上，这行针迹可以免去。

② 沿针迹向下翻转做缝。针迹有助于向下翻转，尤其是弧形接缝。

③ 紧挨着折叠边缝一行针迹，只能缝在做缝里，再将接缝翻开、烫平。

## 怎样进行之字形针迹整理？

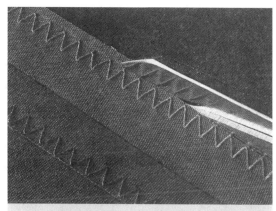

① 将之字形针迹调到最大宽度，在靠近做缝边缘处缝，但勿缝在边缘上。

② 紧挨着针迹修剪，注意不要剪到针迹。

## 其他之字形针迹整理如何操作？

之字形包缝针迹整理。按需要将接缝边缘修剪平，将之字形针迹长度和宽度调整至适合织物的程度，紧挨着做缝的边缘缝，使针迹包住边缘。如果织物起皱，调到较小的数字上以减小张力。

三步之字形针迹整理。此针迹是在一个之字形针迹宽度内含三个短针迹。将缝纫机调到花式针迹位，并把长度和宽度调整到与织物相适合的程度。紧挨着做缝边缘缝，要小心，不要拉长织物。在有些缝纫机上，可用蛇形针迹代替三步之字形针迹。紧挨着针迹线修剪。

弹性之字形包缝针迹整理。修剪平接缝边缘，将缝纫机调到花式针迹位，装上包缝压脚，在修剪过的做缝边缘缝。如果在轻薄织物上缝制时要求针迹宽度小（狭窄），则采用通用压脚。

# 滚边缝如何整理？

滚边缝整理就是将做缝的裁剪边缘整个包裹住，以防止织物脱散，这样也能使服装的反面看起来美观些。滚边缝整理很适合于无衬里的夹克衫，尤其适合于用厚实织物或容易脱散织物缝制的夹克衫。

最常用的滚边整理有斜条滚边、特里科经编织物滚边、香港式滚边。中等厚度的织物，例如丝光卡其、劳动布、亚麻布、华达呢、法兰绒，厚实的织物，例如呢绒、天鹅绒、平绒、灯芯绒可以采用上述任意一种滚边缝整理。上述几种滚边缝整理都要以缝制一条平缝开始。滚边缝整理也可以用于折边、贴边（或贴条）的边缘。

斜条滚边是最容易的滚边缝整理。根据所流行的织物采用棉、人造丝或涤纶双折斜条。

特里科经编织物滚边是适用于柔软薄纱织物或蓬松、起绒织物的一种不明显的整理。购买薄纱斜纹特里科经编织物条或将尼龙网或轻质特里科经编织物裁剪成1.5厘米宽的条状。尼龙网必须沿斜纹裁剪，特里科经编织物必须沿横向纹理裁剪，这样伸缩性最大。

香港式滚边整理是一种妇女时装制作技巧，一般用于设计师创作的服装上。但是因为这种整理非常容易，使服装的反面非常细洁，所以许多家庭裁缝也喜欢采用这一技巧。

# 斜条滚边如何操作？

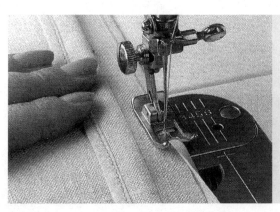

将斜条折叠，包住接缝裁剪边缘。将斜条较宽的一边放在下方。紧挨着内折边缘缝，针迹要扣住下方的较宽折边。

## 特里科经编织物如何滚边？

纵向对折轻薄特里科经编织物条，包住接缝裁剪边缘。缝纫时轻轻拉住，特里科经编织物条会自然地包住裁剪边缘。用直针迹或中等宽度的之字形针迹缝。

## 香港式滚边如何操作？

① 将衬里织物裁剪成3.2厘米宽的斜条。按需要连接斜条，使其长度为待整理的接缝的长度的两倍。

② 在做缝正面，使斜条与做缝边缘对齐。在距裁剪边缘6毫米处缝上。缝制时稍稍拉紧斜条，用压脚边缘作为缝纫导向器。

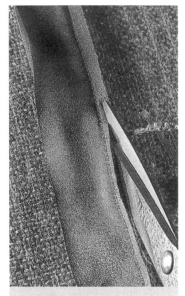

③ 为降低蓬松度，把厚实织物的做缝修剪至3毫米宽，轻薄织物的做缝不需要修剪。

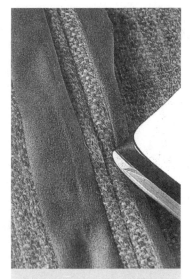

④ 先将斜条向反面压烫，盖住做缝的裁剪边缘。再将斜条向内侧折，包住裁剪边缘。

⑤ 用别针穿透各层织物，将斜条定位。由于斜条的边缘不会脱散，所以斜条的裁剪边缘不必整理。

⑥ 在沟里缝制（将斜条和织物缝在一起形成的凹槽）。这一针迹在织物正面不明显，却能扣住下方的斜条裁剪边缘。最后轻轻压烫即可。

# 什么是封闭式接缝？

　　封闭式接缝不同于滚边缝，它不需要附加的织物或滚条，做缝的裁剪边缘包裹在接缝内。封闭式接缝最适宜于轻薄织物，因为封闭接缝时产生的膨起并不成问题。封闭式接缝对薄纱织物尤为适合，因为看不出毛边或醒目的边缘。须用直针迹压脚和针板，以免薄纱织物被拉进送布牙。

　　封闭式接缝适用于罩衫、无衬里夹克衫、女内衣及薄纱窗帘。这种接缝对于儿童服装也很适合，因为它耐磨、耐洗。

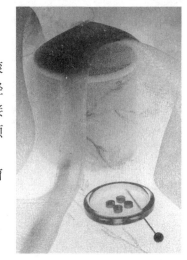

## 怎样缝制自身滚边接缝?

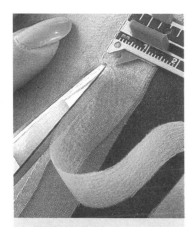

① 缝制一条平缝,不用将接缝翻开压平,把一条做缝修剪成3毫米宽。

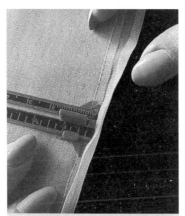

② 将未修剪的那条做缝折3毫米宽,然后再折一次。将修剪过的狭窄的那条做缝包住,使折叠边与接缝线重叠。

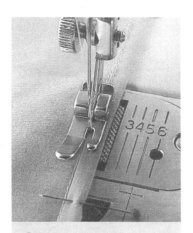

③ 在折叠边上缝制,尽可能挨近第一条针迹,然后向一边压烫平接缝。

## 怎样缝制来去缝?

① 将两层织物的反面用别针别在一起,在织物正面距边缘1厘米处缝制。

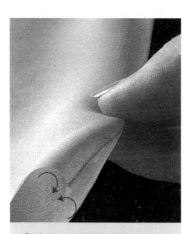

② 把做缝修剪成3毫米宽,沿着针迹线准确地将织物正面叠在一起,压烫平。

③ 在距折叠边6毫米处缝制。这一操作步骤将裁剪边缘封闭住。检查一下正面,确保不露出脱散的织物线。向一边压烫平接缝。

# 怎样缝制假来去缝？

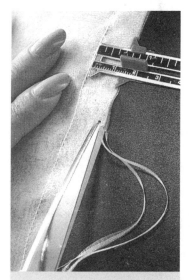

① 缝一条平缝。将两条做缝都修剪成1.3厘米。翻开接缝，压烫平。

② 分别将两条做缝向接缝里面压烫，其宽为6毫米，这样两条裁剪边缘将在针迹线处相会。

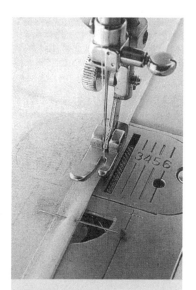

③ 将裁剪边缘缝在一起，尽量靠近折叠缝制，然后向一边压烫平接缝。

# 如何缝制表层针迹？

在平缝上缝制表层针迹，先将做缝翻开压烫平。从正面在接缝两边距接缝线6毫米处缝制表层针迹。当其宽度大于或小于压脚的宽度时，利用疏缝胶带或绗缝机杆附件作为缝制导向。

便服、运动服常常以表层针迹缝为其特点。表层针迹缝在保持做缝平坦的同时，还起着装饰作用。表层针迹缝也很坚固、耐磨，因为此接缝经双重或三重缝制。

最常用的表层针迹缝包括：关边缝、平式接缝、假平式接缝和搭接缝。结实而且难以压烫的织物，如劳动布、府绸及针织织物宜采用此类接缝。

关边缝。常在西装、外套、运动服和内裤上用。一条做缝经修剪后被另一条做缝包住。这样会产生浅浅的突脊，使接缝看起来更醒目。

平式接缝。在男装、儿童游戏服装、劳动布牛仔裤以及可两面穿或定做的女装上用得很普遍。平式接缝结实、耐穿、耐洗。两条做缝都被包住，毛边不会脱散。因为平式接缝所有的针迹都缝制在衣服的正面，所以缝制时要有耐心，对细部要仔细。采用这种接缝时，不能在做缝里用切口作标记。

假平式接缝，也称作双针迹关边缝。其缝制成的接缝外观像精制的平式接缝，但更容易缝制。此种接缝最适用于不易脱散的织物，因为做缝的一条毛边是裸露的。

搭接缝。可用两种方法缝制：一种方法可用于将衬头缝在一起时消除蓬松变形；另一种方法用在无纺织物上，如合成仿麂皮织物、人造革和毛毡。

## 怎样缝制关边缝？

① 缝一条平缝。将两条做缝向一边压烫，把下面的那条做缝修剪得略窄于6毫米。

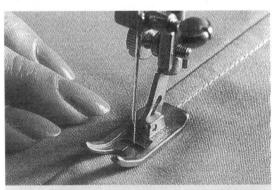

② 在正面缝表层针迹，距接缝线6～13毫米，该距离取决于织物的厚度和所需要的外观。针迹要穿透两条做缝。

③ 缝制成的接缝中两条做缝被压烫向一边，但不粗笨，因为一条边缘修剪过，并封闭在内。

# 怎样缝制平式接缝？

① 在接缝线处用别针将织物反面别在一起，别针头朝向毛边。

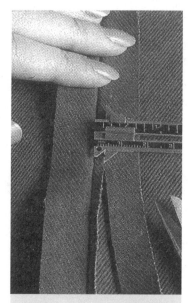

② 将做缝压烫向一边，把下面的那条做缝修剪成3毫米。

③ 翻折上面的那条做缝，折边略窄于6毫米，然后压烫平。

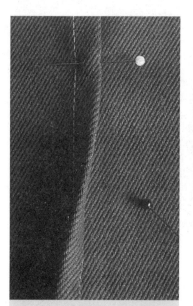

④ 在接缝线处用别针将织物反面别在一起，别针头朝向毛边。缝合，做缝为1.5厘米。

⑤ 在折叠上缝制边缝针迹，边缝边取下别针。

⑥ 制成的缝是一条正反两面都可穿的平坦的缝，每一面都有两行可见的针迹。

# 怎样缝制假平式接缝?

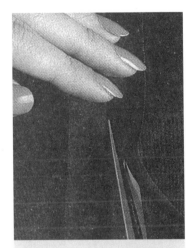

① 缝制一条平缝。将做缝向一边压烫，把下面的做缝修剪成6毫米宽。

② 在衣片的正面缝制表层针迹，距接缝线6~13毫米，再紧挨着接缝线缝制边缝针迹。

③ 缝制成的接缝在织物正面看起来像平式接缝，但在织物反面则留有一条裸露的做缝。

# 怎样在衬头上缝制搭接缝?

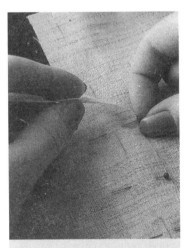

① 用画粉或切口在接缝线两端标示接缝线，将一条边缘搭接在另一条上，对齐接缝线。

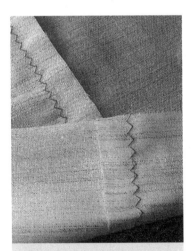

② 在接缝线上用较宽的之字形针迹或直针迹缝制。

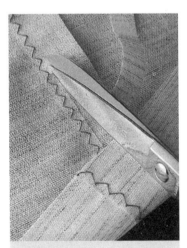

③ 紧挨着针迹修剪做缝以消除粗笨变形。

# 怎样在无纺织物上缝制搭接缝？

① 用画粉、标记笔或疏缝标记在待缝接的衣片上标示出接缝线，剪去一条做缝。

② 将修剪后的边缘搭接在另一条做缝上，正面朝上，这样修剪后的边缘就会对准在接缝线上。用胶带、别针或胶水将其固定就位。

③ 在织物正面沿剪切边缘缝制边缝针迹，在距边缘6毫米处缝制表层针迹，这样看起来像平式接缝。

# 如何缝制松弛针迹？

如果待缝接的两块衣片长度不等，必须将较长的那块衣片调节到与较短的那块相配。松弛针迹缝最常见之处是肩缝、覆肩、肘部、腰带和衣袖。松弛针迹缝增加人体部位活动的自由度，而不增加皱裥的蓬松度。松弛针迹制作得完美的标志是在接缝线上无小褶裥或皱裥。松弛针迹缝是一种基本缝纫技巧。通过实践，可以做得很完美。

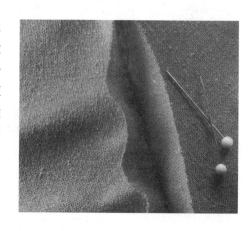

# 怎样缝制松弛针迹缝?

 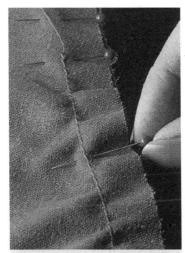 

① 在接缝上或略微偏向接缝里面缝制松弛针迹,针迹长度为每英寸(2.54厘米)8~10针。缝制时,稍稍用力把织物推过机器,这样会使针迹自动抽紧织物。

② 在接缝的两端及两端间,以一定的间距用别针将松弛调节后的衣片边缘与较短的衣片边缘别在一起,使剪口和其他标记精确对齐。通过抽紧底线调节松弛针迹,按需要用别针别住以便使丰满度均匀分布。

③ 沿着接缝线缝制,经松弛调节的衣片在上面,边缝边取下别针。

# 怎样装袖子?

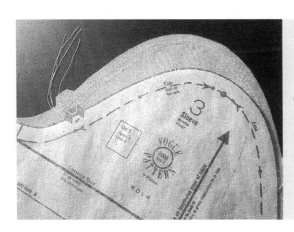

① 用松弛针迹,在织物正面,接缝线稍往里处缝袖山头(前后口之间的区域)。在袖山头上再缝一道松弛针迹,距边缘1厘米。

② 缝制袖子的腋下接缝，让织物正面相对。压烫平接缝，然后翻开接缝再压烫平。压烫时使用烫袖板或接缝辊防止在袖子上面留下压痕。

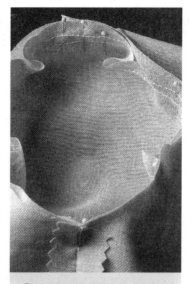

③ 将袖子的正面和衣服的里面翻出。将袖子插入袖筒，使袖子与衣片的正面相对，对齐剪口、小点标记、腋下接缝和肩缝线。用别针别住缝线以便控制松弛度。

④ 抽紧松弛针迹线的底线，使袖山头与袖筒相配，丰满度均匀分布。在袖山头顶部、肩缝处留出2.5毫米长的平直段（不松弛段）。

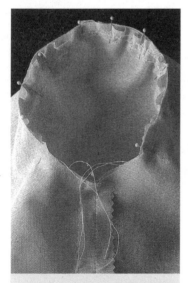

⑤ 用别针将袖子与袖筒别住，别针间距要小些。在前面和后面，织物应松弛而膨胀之处要多用些别针别住。

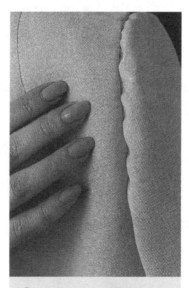

⑥ 从服装正面检查袖子与袖筒是否配合得均称、妥帖，袖子的悬垂状态是否正确。按需要做些调整。在做缝里可能有小皱裥或皱褶，但在接缝线上不能有皱褶。

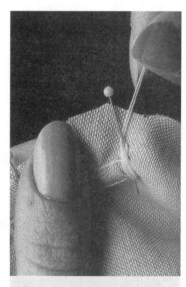

⑦ 在前、后剪口处的别针上将松弛针迹线头缠成8字形以扣住线端头。

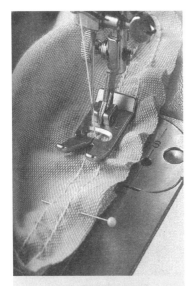

⑧ 在松弛针迹线外缝制，袖片在上，以一个剪口为起点。围绕着袖子缝，缝针迹过起点达另一个剪口。在腋下部位缝两行针迹用以加固，边缝边取下别针。

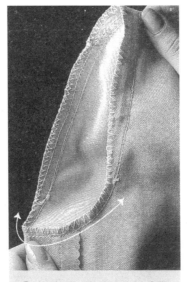

⑨ 把腋下两个剪口之间的做缝修剪至6毫米宽，切勿修剪袖山头的做缝，用之字形针迹将两层做缝锁住。

⑩ 压烫袖山头的做缝，压烫时请使用压烫手套或烫袖板端头，切勿压烫到袖子。

## 怎样缝制弧形接缝?

当弧形接缝使一块平的织物按人体的曲线成型时，就形成一条软贴合线。如公主线，是一条向内或凹形圆弧与一条向外或凸形圆弧缝接在一起。待缝接的这两部分的针迹线通常长度相等，然而，凹形圆弧的裁剪边缘比针迹线短，凸形圆弧的裁剪边缘比针迹线长。因为这两条边缘的长度不同，在缝制前，凹形圆弧必须剪开边缘使裁剪边缘散开；在缝制后，凸形圆弧上必须剪一些剪口以消除在翻开接缝压烫时产生的过度隆起。

剪开边缘及剪一些剪口这种方法在别的弧形接缝上也适用，例如将一条直领装到弧形的领口上。用齿边布样剪刀可同时快速地在圆弧形领子、袖口、口袋、前襟或荷叶边上剪开边缘或剪一些剪口。

缝制弧形接缝时，针迹长度要缩短些，缝纫速度要慢些，以便控制。较短的针迹可增加接缝强度和弹性以防断线。

使用接缝导向器确保接缝宽度均匀。为适应弧形接缝的缝制，将接缝导向器转动一个角度，使导向器端头恰好与机针相距1.5厘米。

## 怎样缝制公主线？

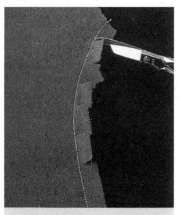

① 在中心镶片的凹形圆弧的接缝线里侧，挨着接缝线缝一道加固针迹。沿圆弧以一定间距剪开做缝，剪到针迹线。

② 将凹形和凸形圆弧用别针别住，织物正面相对，剪开的边缘在上方，使剪开的凹形圆弧展开，对齐所有的标记，使凹形圆弧与凸形圆弧相匹配。

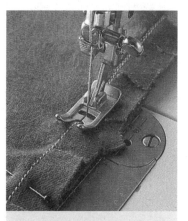

③ 沿接缝线上缝制，剪过的缝位于上面，针迹长度比通常适合于该织物的针迹短些。注意下面的那层织物要保持平坦。

④ 在凸形圆弧的做缝中使织物稍稍弓起，稍带角度地在做缝中剪楔形剪口。小心，勿剪到针迹线。

⑤ 压烫平接缝使针迹平坦且埋入织物。翻转，在另一面压烫。

⑥ 将接缝置于裁缝用压烫衬垫的圆弧上，翻开接缝并压烫平。只用熨斗尖头压烫，勿烫衣片本体。如果不压烫出轮廓，接缝线会扭曲，外观会被牵扯得变形。

# 如何缝制弹性接缝？

适合于做便服和工作服的弹性织物包括弹性毛圈织物、弹性拉绒织物及其他针织织物。弹性机织织物有弹力劳动布、弹力府绸和弹力灯芯绒。泳装和低领口紧身衫裤，可用莱卡针织织物制作。在这些织物上的接缝必须有弹性或与织物一起伸缩。有些缝纫机备有适合伸缩的特殊针织针迹。

在织物碎片上测试一下接缝或针织针迹的弹性与织物的厚度和弹性是否相宜。有些特殊的针织针迹比直针迹难拆除，所以在缝制前务必试穿一下服装。由于针织织物不会脱散，通常不需要进行接缝整理。

双排针迹缝使接缝有一行保险针迹。如果缝纫机不能缝制之字形针迹，就采用此种针迹。

直线和之字形针迹缝将直针迹与之字形针迹的弹性相结合。对于毛边易卷曲的针织织物，这种接缝整理很适合。

窄之字形针迹缝适用于边缘不会卷曲的针织织物，这是一种快速易缝的针迹缝。

直线弹力针迹是由可倒车的缝纫机做向前、向后的动作缝制的。此种针迹结实且富有弹性，适用于像袖筒这样应力集中的部位。

直线和包缝针迹是一种将直线弹力针迹与对角针迹相结合的特殊针迹样式。这种针迹将连接和整理接缝同步进行。

弹力拉伸针迹最适用于泳装和低领口紧身衫裤。此种针迹是窄之字形针迹和宽之字形针迹的结合。镶带接缝用在不希望有伸缩性的部位，如肩缝。

# 怎样缝制镶带接缝？

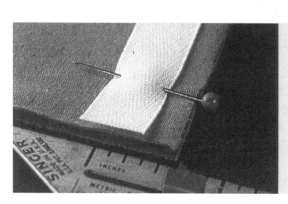

① 把织物正面相对，用别针别住。这样人字形斜纹带或滚条就可用别针别在接缝线上。滚条应放在与做缝重叠1厘米的位置上。

② 用双排针迹，或直线和之字形针迹，或包缝针迹，或窄之字形针迹缝制。将接缝翻开压烫平，或将接缝向一边压烫，视采用哪种针迹缝而定。

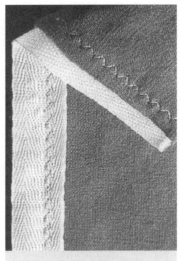

③ 紧挨着针迹修剪做缝，注意不要剪到滚条。

双排针迹缝。在接缝线上缝制直线针迹，缝制时稍稍拉伸织物，使接缝具有弹性。再缝一行针迹，第二行针迹缝在做缝中3毫米处，紧挨着第二行针迹修剪。将接缝向一边压烫。

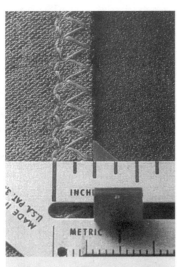

直线和之字形针迹缝。在接缝线上缝制直线针迹，缝制时稍稍拉伸织物。在做缝里，紧挨着第一行针迹缝之字形针迹，紧挨着之字形针迹修剪做缝。将接缝向一边压烫。

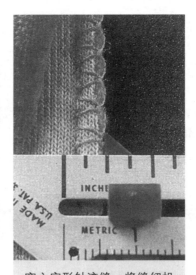

窄之字形针迹缝。将缝纫机定在窄之字形针迹位，每英寸（2.54厘米）10~12个针迹。在接缝线上缝制，缝制时轻轻拉伸织物。把做缝修剪到6毫米宽。将接缝翻开，压烫平或将边缘用之字形针迹锁住。

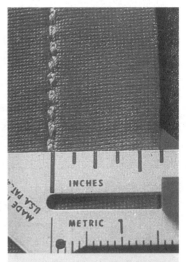

直线弹力针迹。用缝纫机内装的弹力针迹在接缝线上缝制。轻轻地引导织物，让缝纫机做向前、向后的动作。缝到折叠部位或接缝交接处，在压脚前和压脚后拉紧织物，帮助送布。修剪，并将接缝向一边压烫。

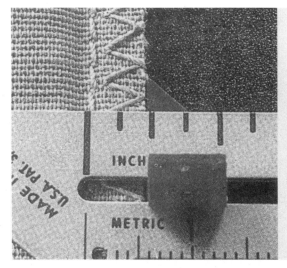

直线和包缝针迹。把接缝修剪到6毫米宽，使用专用包缝压脚（如果缝纫机有此附件）。将修剪后的缝放在压脚下，于是直线针迹缝在接缝线上，而之字形针迹缝在接缝边缘。将接缝向一边压烫。

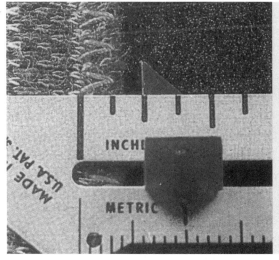

弹力拉伸针迹。把接缝修剪到6毫米宽，将修剪后的缝放在压脚下，于是窄之字形针迹缝在接缝线上，而宽之字形针迹包住接缝边缘。将接缝向一边压烫。

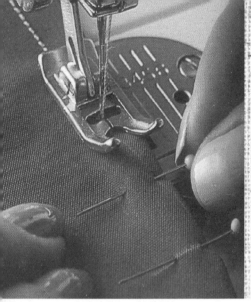

# 制作成型

　　将一块平坦的织物按人体曲线制作成型的技巧有多种。省、皱裥、褶裥、缝裥都可以控制织物的丰满度，但它们的作用则各不相同。

　　省可将织物拉拢，贴近人体。在胸围、臀围、肩缝及肘头的省使织物贴合体形，省尖应总是指向身体最丰满的部位。

　　皱裥能形成柔和且圆滑的形状。皱裥使服装更加合身，穿着舒服。在腰围、袖子、袖口、覆肩及领口处都有皱裥。皱褶花边是收皱的带状织物，镶在接缝里或折边上。缝制皱褶花边的技巧与缝制皱裥的技巧相同。缝过针迹的褶裥与省的作用相同，未经压烫的褶裥能起到与皱裥一样的作用。褶裥形成的是一条垂直的直线。缝裥用作装饰或是成型技巧，可以是水平的、垂直的或对角的。缝裥也可用于控制袖山和袖口的丰满度。

　　上述所有技巧都相互关联，因为它们都用于制作服装成型，所以在有些情况下可以互换。例如，在肩缝处的省可以用皱裥替代，将紧贴合转变成松弛、自在的贴合。未经压烫的褶裥可用皱裥替代。开放式缝裥先控制丰满度，然后又像皱裥一样放松丰满度。在缝制过程中，可以试一试用一种技巧代替另一种技巧。

省通常缝在衣服的反面。可以是直省，也可以是弧形省。缝制省时针迹要均匀，使省尖完美。在与另一块衣片缝接前，要先烫平省。

皱裥是一块较大的衣片要与一块较小的衣片缝接时，由较大的那块衣片收皱所形成的。织物的手感决定了皱裥看起来会是柔和的还是僵硬的。

褶裥通常缝在服装的反面，而缝裥则缝在服装的正面。准确地作标记及缝制对于保证褶裥和缝裥的宽度均匀是非常重要的。

# 什么是省?

省用于使一块平坦的织物成型，与胸部、腰部、臀部和肘部的弧线相配。省有两类：单尖头省一端宽，另一端尖；成型省在两端都有尖头，通常用在腰围处。省的两个尖头分别伸向胸部和臀部。省除了可以形成紧贴合，也可用于体现设计师独特的设计风格和服装样式。

做工完美的省是笔直而平滑的，在端头处不起皱。服装左、右片上的省位应对称，长度应相等。

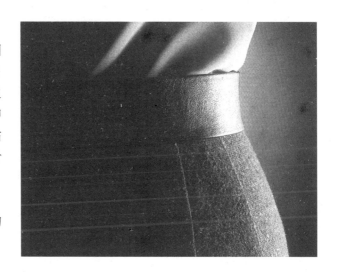

# 怎样缝制省?

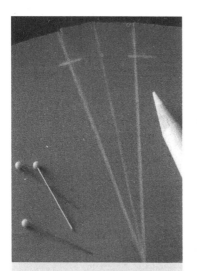

① 采用适合于织物的标示方法标示省。用水平线标示省尖。

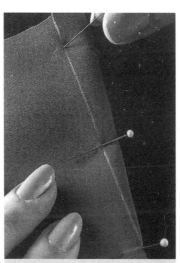

② 依据中心线折叠省，对齐针迹线、在宽端的标记、省尖及省中间各处。用别针定位，别针头朝向折叠边缘，以便缝制省时能较容易地取下别针。

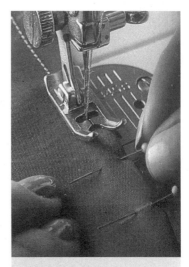

③ 从宽的一端向省尖缝纫。在针迹线开端缝回针，然后朝着省尖缝，边缝边取下别针。

④ 缝制省的针迹线应与折叠线形成锥度，锥尖位于省尖。缝至距省尖1.3厘米时，将针迹长度缩短至每英寸（2.54厘米）12~16个针迹，最后的2~3个针迹就缝在折叠上。在省尖处勿用回针，因为回针可能产生皱褶。继续缝，直至机针缝出织物边缘。

⑤ 提起压脚向前拉省。约在距省尖2.5厘米处，放下压脚。在省的折叠部位缝几针以固住线，此时针迹长度定在0位。紧挨着线结剪断线。

⑥ 压烫平省的折叠边。小心不要在省尖以外的部分压烫出折痕。将省置于裁缝用压烫垫的圆弧上，朝合适的方向压烫省。为使省平整，在将省缝入接缝之前压烫省。

# 制省技巧有哪些？

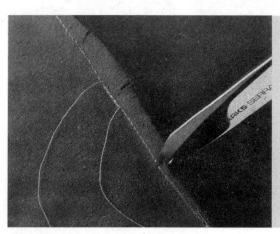

成型省的缝制分两步，从腰围处开始，朝两个端头方向缝制。在腰围处让针迹重叠约2.5厘米。在腰围处和伸向省尖的中途位置上横向剪开省折叠，剪口深度不超过针迹位置3~6毫米，以便减小张力，使省成平滑的弧形。

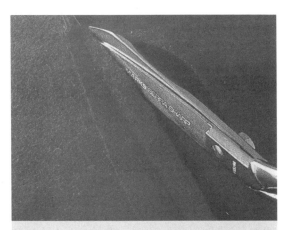

宽省和在蓬松织物上的省应该在折叠线上剪开，修剪到宽度为1.5厘米或再窄一点。剪口剪到距省尖1.3厘米。将省翻开，压烫平省尖。

将省置于裁缝用压烫垫的圆弧上压烫，以维持省内含的圆弧。垂直的省通常朝前衣片中心或后衣片中心压烫；水平的省通常向下压烫。

# 什么是皱裥？

一件比较仙的女装上的线条常常借助于皱裥而成型。皱裥可能在腰围、袖口、覆肩、领口及袖山处。柔软轻薄的织物收皱裥后会呈现垂悬外观；优质的亚麻织物收皱裥后会产生波浪效应。

皱裥起始于在长的那片织物上缝两行针迹，然后拉住针迹线两端收拢织物，最后将收皱后的织物与短的那片织物缝在一起。

收皱用针迹比通常缝制时的针迹长些。对厚度中等的织物，采用每英寸6～8个针迹的针迹长度；对柔软的或薄绢织物，采用每英寸8～10个针迹的针迹长度。在织物上试一试以便确定哪种针迹长度收皱效果最佳。长针迹容易收皱，而短针迹则便于调整皱裥。

先减小面线的张力，然后再缝。收皱时，底线被拉紧。如果张力小些，收皱就容易些。

如果织物比较厚实或硬挺，底线用色彩鲜明的重型线有助于与面线相区别。

# 怎样缝制基本的皱裥？

① 在织物正面距毛边略窄于1.5厘米处缝一行针迹，起点和尾点都在接缝线上。减小面线的张力，放长针迹使其与织物相适合。在做缝里距第一行针迹6毫米处再缝一行针迹。双针迹线比单针迹线更能控制收皱。

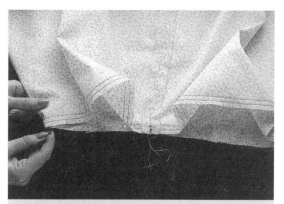

② 用别针将缝过的边缘与服装上相应的部位别在一起，两个正面相对，对齐接缝、剪口、中心线和其他标记。在别针别住的区域内，织物会下垂。如果无标记指点，就将直边及收皱的边折叠成四等份，用别针标示出折叠线。将边缘用别针别住，对齐标示用别针。

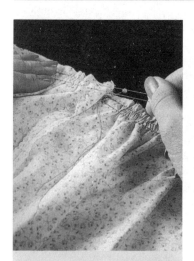

③ 从一端拉两根底线，让织物沿底线抽收成皱裥。当收皱部分长度的一半与直边相符时，将底线绕着别针打一个8字形结，固定底线。再从另一端拉底线，使剩下的那一半也收皱。

④ 以很小的间隔用别针将皱裥定位，使别针间的皱裥均匀分布。调整针迹长度和张力，进行常规缝纫操作。

⑤ 紧挨着收皱线外侧缝制，收皱的衣片位于上面。边缝边调整别针之间的皱裥。在机针两边，用手指紧紧拉住皱裥，保持皱裥均匀，这样在缝制时织物就不会打褶。

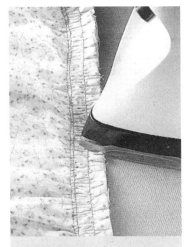

⑥ 修剪缝入针迹线的各条做缝，把对角线处的角剪去。

⑦ 用熨斗尖头在织物反面压烫做缝，然后将衣片拉开，顺着接缝在制成的服装上的走向压烫接缝。将接缝朝皱裥压烫，产生蓬松感；朝衣片压烫，产生平伏感。

⑧ 在服装正面用熨斗尖头压烫入皱裥，遇接缝将熨斗提起。勿横向压烫皱裥，因为那样会把皱裥压平。

# 如何用松紧带收皱?

用松紧带收成的皱裥使针织织物和运动服穿着舒服、贴身。用松紧带收皱能保证皱裥均匀一致，服装成松弛状。

松紧带可直接缝入服装或嵌入套管。套管是装松紧带的管道，通过向下折边或将斜纹带缝在织物上制成套管。一般根据缝纫技术和松紧带装在哪个部位来挑选松紧带。

在套管里的松紧带可为任意宽度。通常采用厚实的编织松紧带或不卷曲松紧带。编织松紧带有纵向筋，被拉长时会变窄。

直接缝入的松紧带要采用机织的或针织的。这种松紧带柔软、结实，贴身穿着舒适。在袖口、裤口这些部位平展着、侧缝还未缝制时，装松紧带较容易。在腰围处则直接缝松紧带，将松紧带的两端重叠在一起，缝成一圆环，然后用别针别在服装上。

按裁剪纸样上推荐的长度剪松紧带，此长度含做缝。如果裁剪纸样上未注明用松紧带，而你想添加松紧带，那松紧带的长度要比量体尺寸加上做缝的长度略短一点。直接缝入的松紧带允许超长2.5厘米，嵌入套管的松紧带允许超长1.3厘米。

# 怎样缝套管中的松紧带（腰围缝）？

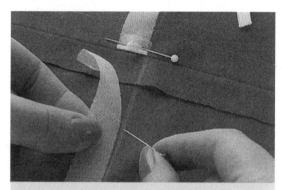

① 在服装的反面沿着所标示的套管线，将比松紧带宽6毫米的较薄的斜纹特里科经编织带或斜纹带用别针别住。以同一条侧缝为起点和终点。斜纹带的两端分别向下折进6毫米，用别针将端头别在接缝线上。为操作方便，将服装反面翻出，放在熨烫板上操作。

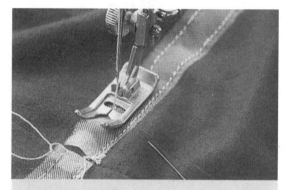

② 紧挨着边缘缝制，在接缝处留出开口以便嵌入松紧带。在针迹末端勿用回针针迹，因回针针迹会显露在服装的正面。将四个线头拉到反面并打结。

③ 用穿孔锥或安全别针将松紧带嵌入套管。小心，不要让松紧带扭曲。用一枚大安全别针横别在松紧带的自由端，以免松紧带缩进套管。

④ 将松紧带两端头重叠1.3厘米，用直针迹或之字形针迹将两端头缝合。先向前缝，接着缝回针，然后再向前缝。剪去线头，放松松紧带，让它缩回套管。

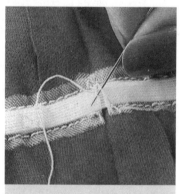

⑤ 用短而松的暗缝针迹将套管两端缝合。沿松紧带把皱褶分布均匀。

# 怎样将松紧带直接缝入服装?

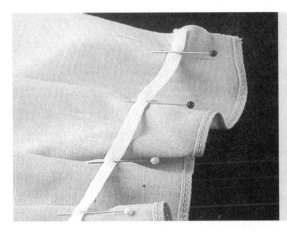

① 分别将松紧带和织物折成四层。用别针标示出松紧带和衣片上的折叠线。

② 用别针将松紧带别在衣片的反面,对齐标示别针。在松紧带的两端留出1.3厘米的做缝。

③ 将松紧带缝到织物上,松紧带位于上面;一只手在机针后面拉住松紧带,另一只手握住下一个别针拉伸开别针间的松紧带。分别沿松紧带两条边缘缝之字形针迹,或多重之字形针迹或两行直针迹。

# 褶裥和缝裥的区别有哪些?

像皱裥一样,褶裥和有些缝裥也能给服装增添丰满度。这是一种被控制的、缝制而成的丰满度,能形成比皱裥更具柔和性、更精美的外观。

褶裥是织物的折叠,能产生受控制的丰满度。褶裥总是垂直的,它有四种基本类型:箱式褶裥(和合裥),含两个朝向相反的褶裥;刀形或侧向褶裥,褶裥朝向都相同;阴裥

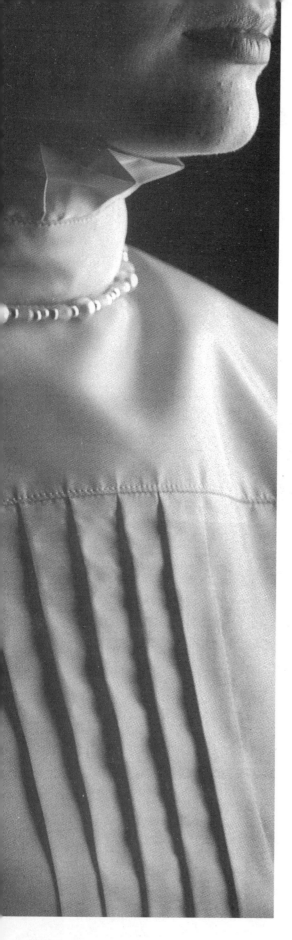

（倒褶裥）的朝向相对并相接；多道褶裥的褶裥狭窄，象征着手风琴的风箱。多道褶裥总是沿全长压烫，最好由专业人员缝制。其他褶裥可以压烫成或缝制成刀锋般褶裥，或不加以压烫，任其轻柔下垂。

精确的标示、缝制和压烫对于完美的褶裥是十分重要的。用画粉、标记笔或色线标示，用不同颜色标示折叠线和部位线。折叠线表示在压烫后的褶裥上明显的折痕。部位线表示每一褶裥的折叠边缘的位置和该缝在哪里。罗拉线用于未经压烫的褶裥，表示该种褶裥会形成松软的罗拉而不是明显的折痕。

缝裥是织物上沿全长或部分长度缝制的细长的折叠。只缝部分长度的缝裥称作开放式缝裥。缝裥可为横向，也可为纵向。通常顺着直纹理或与纹理成正交折叠，且折叠位于衣服的正面。如果缝裥用于控制衣服的丰满度而不是作装饰用，折叠位于衣服的反面。

缝裥有三种基本类型：间隔缝裥，即在两条缝裥之间有空间；细缝裥，即非常狭窄的缝裥；暗缝裥，即两条缝裥紧紧相挨或重叠。

轻薄织物或中等厚度的织物上可用缝裥或褶裥，而在厚实织物上采用会显得过分蓬松。在亚麻布、华达呢、府绸、法兰绒、阔幅布、双绉、轻薄的毛织物上采用缝裥或褶裥则最佳。不需压烫的褶裥适用于柔软的织物；需压烫的褶裥适用于优质细亚麻布。经缝边或经喷雾上浆和压烫后的柔软织物也可采用压烫褶裥。

缝制褶裥和缝裥时要考虑织物的花纹图案。条纹和印花织物，只要缝裥或褶裥不会扭曲织物的花纹图案就可采用；格子花纹可以缝制成有美感的褶裥，但要仔细挑选。在购买或裁剪衣料前，可用手将织物折叠成褶裥试一试，以便知道褶裥缝制后看起来是什么样。

缝制缝裥或褶裥时，用接缝导向器或沿针迹线放置遮蔽胶带有助于缝裥或褶裥宽度均匀。

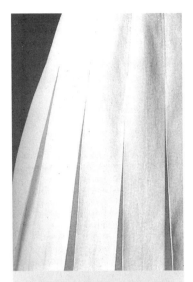

箱式褶裥（和合裥）可以压烫或不压烫。不压烫的箱式褶裥轻柔地下垂，比压烫的褶裥更丰满。例如，棉织物、针织织物、印花薄型毛织物及双绉这样的动态织物最适合用不压烫的箱式褶裥。

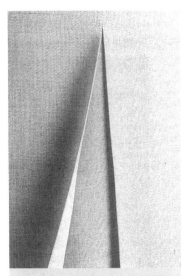

刀形褶裥需精心裁剪和缝制。有些服装上的刀形褶裥中，一组褶裥朝一个方向，另一组褶裥朝相反方向。亚麻织物、华达呢和织造紧密的羊毛织物都适宜用刀形褶裥。

阴裥会形成一种轻便且精心裁剪的外观。适宜用刀形褶裥的织物也很适宜用阴裥。

间隔缝裥是一种很有诱惑力的图案花纹，可缝制在衣服的大身部位、裙子的折边附近或袖子上。大多数轻薄和中等厚度的织物都可缝制出漂亮的间隔缝裥。

细缝裥常见于小晚礼服式的衬衫、精心裁剪的礼服及儿童服装上。细缝裥通常为3毫米宽，优质细亚麻布及阔幅棉布等轻薄织物都很适宜用细缝裥。

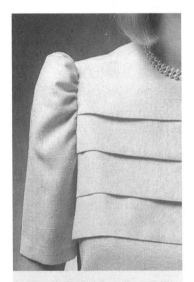

暗缝裥能给女罩衣和女服增添可爱和精美感。暗缝裥可以成任意宽度，适用于大多数轻薄织物和中等厚度的织物。

# 怎样缝制箱式褶裥和刀形褶裥？

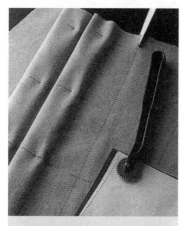

① 在织物反面、做缝里剪切口或采用与织物相宜的标示方法标示褶裥。将标示出的褶裥线对齐，让褶裥成型。从折边起别别针直至腰，褶裥的折叠部分朝右（顶边缘面对操作者），别针与针迹线成直角。

② 沿标示的针迹线，从折边向褶裥端头缝疏缝（在裁剪纸样图上通常用实线标示）。在褶裥端头，更换成常规的针迹长度并缝回针。继续缝至腰围线。

③ 沿褶裥的朝向压烫褶裥，在反面用少量蒸汽轻轻压烫。刀形或侧向褶裥的折叠都朝同一方向，箱式褶裥的折叠则方向相对。

④ 沿裙子的上边缘或褶裥段的上边缘缝机制疏缝将褶裥定位。要缝在接缝线上，确保所有的折叠方向正确。为避免试穿时针迹线断裂，可以缝上罗缎带。

⑤ 将牛皮纸条放在每个褶裥的折叠下，以免压烫时在服装正面产生压痕。压烫使褶裥定型。使用台面熨烫板或在熨烫板附近放一张桌子或椅子，以免织物垂落。

⑥ 将服装正面翻出。压烫褶裥时用压烫布，不压烫的或柔软褶裥亦需轻轻压烫，而折痕明显的褶裥压烫时蒸汽要足，再加上湿的压烫布。最后让褶裥在熨烫板上晾干。

⑦ 缝制表层针迹（刀形褶裥）。在服装正面用别针标示褶裥端头。从褶裥底开始缝，在距褶裥针迹线6毫米处进针，勿缝回针。从别针至褶裥顶端针迹与接缝线平行。线在服装反面打结。若在同一褶裥上要缝边缝和表层针迹，先折边和缝边缝。

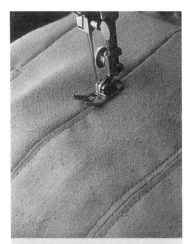

⑧ 缝制表层针迹（阴裥或箱式褶裥）。用别针标示针迹线端头，在接缝上进针，从接缝向褶裥区缝3~6毫米。机针留在织物内的状态下，提升起压脚，转动织物。放下压脚，缝至腰部。以相同的方向在正、反两面，从臀部缝至腰部。线在反面打结。

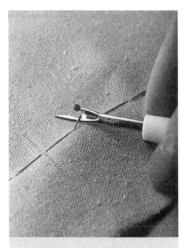

⑨ 拆除机制疏缝。将回针迹线剪断，并且沿疏缝线，每隔4~5针把线剪断。在完成缝制表层针迹前勿拆除疏缝，因为疏缝有助于在压烫和进行其他操作时固定褶裥在位。

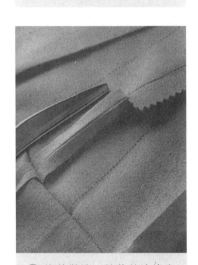

⑩ 修剪做缝，从裁剪边缘直至折边线剪去做缝的一半，以消除蓬松。按适宜的宽度完成折边，在褶裥上缝边缝前，必须先在褶裥上折边。

⑪ 在经压烫的褶裥折叠上缝边缝以便获得永久性的明快的线条。这样，对于可洗的服装，在洗后重新压烫褶裥时更容易些。从折边缝向腰，尽量靠近折叠。里、外折叠上都可以缝边缝。

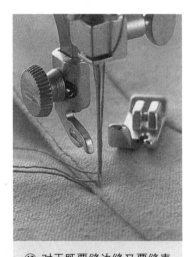

⑫ 对于既要缝边缝又要缝表层针迹的褶裥，就以边缝的端头作为表层针迹的始点（上图中的压脚被移开以便显示起始点）。缝透重叠的各层，将所有的线头都拉至反面打结。

# 标示缝裥的三种方法分别是什么?

在含有皱褶的织物上用切口和压烫标示缝裥。在每一条缝裥的两端,在做缝里剪6毫米的切口。将切口之间的织物折叠并压烫以标示缝裥。缝裥宽度标明在裁剪纸样上。

在织物正面剪切口和用水溶性标记笔或裁缝用画粉作标记。在织物碎片上试试标记,确认标记可除掉。用直尺或码尺连接切口。缝裥折叠线用一种颜色标示,而针迹线用另一种颜色。

用硬纸板制作一把缝裥量规,只标示第一个缝裥的折叠线并按缝制说明缝制。在硬纸板上剪一个缺口,缺口到边缘的距离与缝裥的宽度相等(见图中1)。测量缝裥折叠之间的宽度(见裁剪纸样),剪另一缺口(见图中2)标示宽度。沿已缝制的缝裥折叠放左边的缺口。量规的右边缘标示下一个折叠位置,而右边的缺口标示下一条针迹线。

# 怎样缝制缝裥?

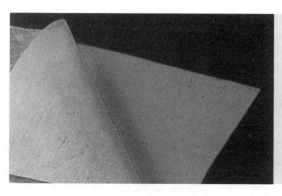

① 用最薄的热熔衬头衬在待缝制缝裥的区域能增加双绉这类滑溜、轻薄织物上缝裥的稳定性和挺爽性。这类织物难以压烫和平稳均匀地缝制,为更准确地缝制缝裥,采用直针迹压脚和针板。

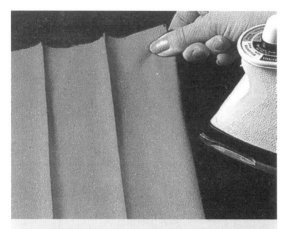

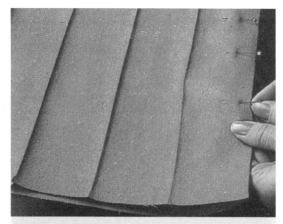

② 如果标记是用画粉或标记笔作的，应在缝制前压烫缝裥。如果是使用水溶性标记笔标示的，则勿压烫。因为熨斗的热会使标记牢固地留在织物上。

③ 折叠缝裥并用别针固定在位，别针与折叠垂直，使折叠朝向右边，这样缝制时能较容易地取下别针。滑溜织物则要用手工疏缝将缝裥固定在位。

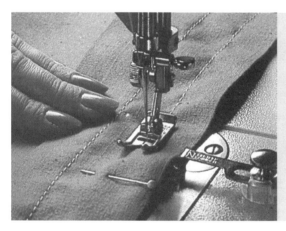

④ 缝裥要做得使面线针迹可见，而不是底线。以相同的方向缝制所有的缝裥，利用压脚或针板上的导向线作为导向。开放式缝裥上不要缝回针针迹。线头要拉到反面打结。

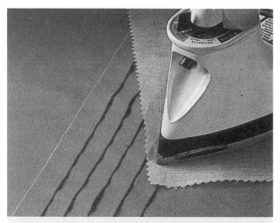

⑤ 分别压烫每一个缝裥以便将针迹埋入织物中，然后朝一个方向压烫所有的缝裥，要使用压烫布以免损坏织物。

⑥ 在织物反面朝一个方向压烫缝裥。只用很少量的蒸汽轻轻压烫，以免缝裥在织物上留下压痕。

# 缝制缝裥要领有哪些?

普通服装上的缝裥可以在裁剪之前先做在织物上。缝裥的宽度先乘2，再乘要制作的缝裥个数，即可算出需要增加的用料量。购买预制缝裥的织物也是在服装上添加缝裥的方法。

沿条纹或机织纵向图案缝直针迹较容易。沿条纹的一部分折叠，在下一条条纹上缝针迹，通常沿直纹理做缝裥。

用双针缝制，缝出两行间隔狭窄的平行针迹线，两行针迹线间即为细缝裥。装饰用的缝裥可用两种不同的色线缝制，较大的张力可缝制出较紧的缝裥，有些装饰性针迹也可用双针缝制。

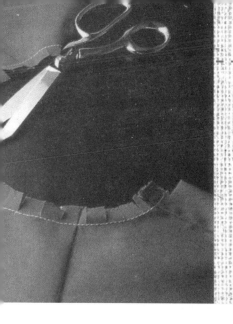

# 外缘

服装的外缘包括在下摆、腰头、前片或后片上的开口、领口、袖筒、领子和袖口。外缘缝后要消除蓬松，可通过各种针迹、镶边和压烫技术来达到使之平滑、光洁的目的。在多数情况下，衬头用于进行挺爽、稳定整理。

装有衬头的外缘需要贴边，即缝在外缘上的织物条，向内翻时还要达到边缘平整。如果边缘有一定形状，就要剪裁与衣片分开的贴边，使其与所需形状相符。在直边缘上，贴边常常是折向服装反面的裁剪纸样图的延伸。无衬里服装的边缘应该装贴边以防脱散。

热熔衬头有各种厚度，适用于多数织物。热熔衬头常常装在贴边上而不是装在服装上，因为热熔衬头可能会在服装正面造成不希望有的突脊。先在织物碎片上试试热熔衬头，如果沿热熔衬头的边缘形成突脊，可用齿边布样剪刀修剪衬头的外缘，然后再试一下。如果突脊仍然很显眼，那么衬头只能熔贴在贴边上。为了使线条更流畅，采用缝入式衬头。这种衬头通常是直接装到服装上而不是装到贴边上。

本章介绍了热熔衬头和缝入式衬头的操作技术。衬头操作的特殊方法可用于任何一种装贴边的边缘和所示的领子。袖口安装和整理的方法与领子一样。

## 如何装贴边的领口及领子？

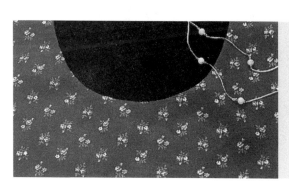

圆领口必须将拐角对角剪开，一直剪到针迹线，因此贴边翻向反面时领口才平坦。为使领口保持平坦，领口边缘要缝制里层针迹或表层针迹。

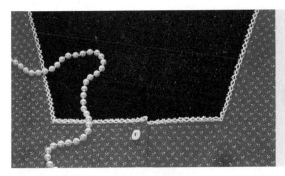

方领口要用缝制弧形接缝的技术。必须修剪做缝（在做缝里的切口要到达针迹线，但不剪过针迹线），贴边翻向反面时领口边缘才会十分平滑。

尖领要求仔细并精确地修剪，以使领子翻向正面时不出现蓬松。腰头、方形口袋、镶片、袖口等处的拐角都需要仔细、精确地修剪。

圆领要有剪口（小楔子形，剪在接缝外）以减少蓬松。缝制弧形接缝时为加固和控制得更好，要缩短针迹长度。

# 怎样给外缘装贴边（用热熔衬头）？

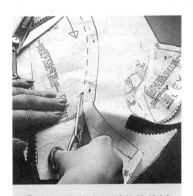

① 仿照剪贴边那样剪热熔衬头。为去除做缝，沿接缝线而不是裁剪线剪切。用齿边布样剪刀修整无剪口的边缘。

② 将衬头的剪切边缘置于衣片反面的接缝线上，有黏性的一面朝下。沿边缘用蒸汽熨斗在几个点上轻轻压烫，使衬头与衣片在压烫点处粘接。

③ 按衬头包装袋上的说明将衬头热熔到位。用足够的时间和规定的热量保证粘接妥帖。在熨斗能到位的小部位或搭接区域熔接衬头。切勿滑动熨斗。

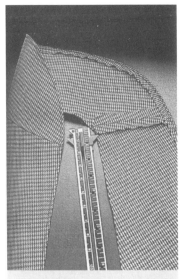

④ 在肩缝处缝接前、后衣片和装贴边的部分将贴边做缝修剪到6毫米宽。翻开接缝，压烫。不用整理贴边接缝，而用合适的整理方法整理衣片接缝和贴边边缘。

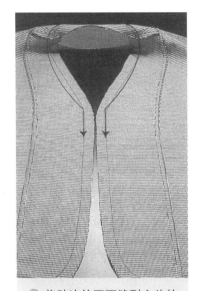

⑤ 将贴边的正面缝到衣片的正面，使剪口和接缝分别对齐。按上图中箭头方向缝，从后背中心缝到两面前贴边的下边缘。有方向性地缝制能保持纹理线，防止弧线扭曲。

⑥ 修剪做缝与肩缝线相交的角，以消除蓬松。

⑦ 将做缝修剪成不同宽度，使做缝形成坡度。将贴边做缝修剪至3毫米宽，衣片做缝修剪到6毫米宽。朝向衣片的做缝比紧挨贴边的做缝宽，以此消除蓬松的突脊。

⑧ 剪开领口做缝弧线，切口间距要小，而且要剪到接缝线，但切勿剪过接缝线。剪开后，握住接缝两端，接缝应成一直线，做缝不应卷曲。

⑨ 在外侧弧形边缘的做缝里剪V形楔口。小心，勿要剪到衣片。将衣片翻到正面。如果做缝中有波形小皱褶，再多剪一些V形楔口。

⑩ 将所有的做缝折向贴边，用熨斗尖压烫衣片上的小缝裥。

⑪ 紧挨接缝线在贴边正面缝里层针迹，针迹穿透贴边和两条做缝。展开呈弧形曲线的已剪切的做缝，这样在贴边翻到反面时能平坦地贴合在衣片上。

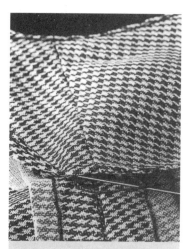

⑫ 在贴边和做缝之间缝3～4个短针迹，将贴边与肩缝连接。切勿将针迹缝到衣片的正面。

# 怎样缝制方形领口（用热熔衬头）？

① 按照给外缘装贴边的说明去除热熔衬头的做缝。按照说明将衬头热熔到贴边的反面。

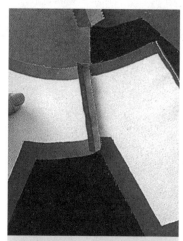

② 将贴边和衣片在肩缝处连接，把接缝翻开压烫。将贴边的做缝修剪至6毫米以消除蓬松。不用整理接缝，但要整理贴边的外侧边缘。

③ 将贴边的正面缝到衣片的正面，对齐标记和肩缝。在距拐角2.5厘米处缩短针迹长度，并缝至拐角。停机，但让机针留在衣片中。

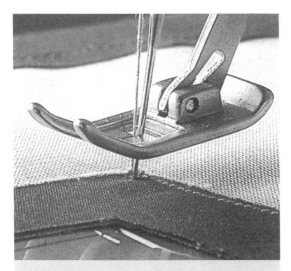

④ 提升起压脚，围绕机针转动衣片。放下压脚，以短针迹缝2.5厘米。重新调整到常规针迹长度，继续缝制。

⑤ 剪切拐角，剪到加固针迹。把做缝修剪成坡度并翻转，缝里层针迹和定位。

## 怎样缝制弧形领口（用非热熔衬头）？

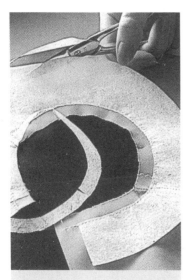

① 用搭接缝连接衬头裁片。缝制和整理衣片肩缝，在距边缘1.3厘米处用机制疏缝把衬头缝到衣片反面，紧挨针迹修剪衬头。把外缘修去1.3厘米。

② 在肩缝处缝接贴边，把做缝修剪至6毫米宽。翻开做缝压烫，但不作整理。整理贴边的外缘。

③ 将贴边正面缝到衣片正面，把做缝修剪成坡度。再压烫，缝里层针迹和将贴边定位。

# 怎样缝制尖领（用非热熔衬头）？

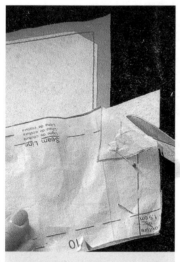

① 在接缝线里侧对角修剪衬头的拐角，在距边缘1.3厘米处用机制疏缝将衬头缝到上领片的反面，紧挨针迹线修剪衬头。

② 将下领片的外缘修剪去3毫米略欠一点，以防止下领片在领子缝到领口上后向正面卷曲。用别针将领子正面与下领片别在一起，外侧边缘对齐。

③ 在接缝线上缝制。在拐角处对角缝制1~2个短针迹，不能缝成急转弯。这样翻转衣领时，领尖更利落、美观。

④ 修剪拐角。先紧挨针迹线，横过顶点修剪，然后在顶点的两侧与接缝成一定角度进行修剪。

⑤ 把下领片做缝修剪至3毫米宽，把领子做缝修剪至6毫米宽，使做缝形成坡度。

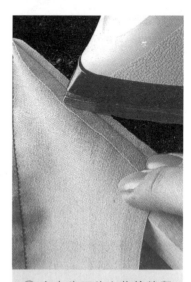

⑥ 在尖头压片上将接缝翻开、压烫，将领子正面翻出。

⑦ 用尖角翻转器轻轻地将领尖推出。

⑧ 压烫平领子。稍稍将接缝滚向下面，以便在制成的领子上不显露接缝。

## 怎样缝制圆领（用热熔衬头）？

① 修剪去热熔衬头的做缝。按外包装上的说明将衬头熔接到上领片的反面。

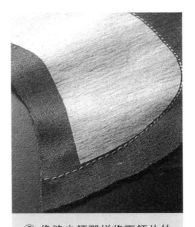

② 像缝尖领那样将下领片的外侧边缘修剪去3毫米略欠一点。在领子的正面和领衬上一起缝制针迹，在弧线处用较短的针迹。

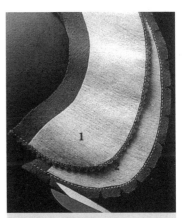

③ 用齿边布样剪刀紧挨针迹线修剪做缝（见图中1），或修剪做缝成坡度（见图中2）。即使接缝是封闭式，亦要翻开压烫接缝。这样使针迹线平坦，领子更容易翻转。

# 怎样缝制领子和装领子（不用领衬）？

① 在衣片的领圈边缘缝制滚边缝。把做缝修剪开，剪到接缝线。

② 握住接缝两端，将接缝拉直。如果剪口有足够数量，足够深度，接缝就不会卷曲或起皱。

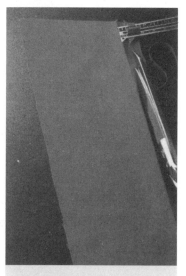

③ 沿领圈边缘压烫上领片的下做缝，把压烫的做缝修剪至6毫米宽。

④ 将领子的正面和领衬一起缝。

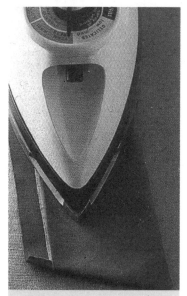

⑤ 按前文缝制圆领和尖领那样，修剪、翻转和压烫领子。

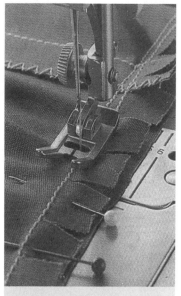

⑥ 用别针和针迹将下领片与领圈边缘连接，在两端头固定住针迹。将做缝修剪至1厘米宽。

 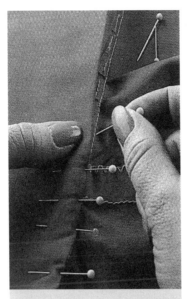 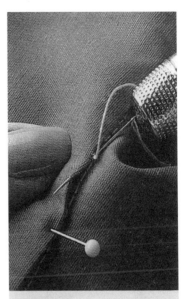

⑦ 剪开下领片弧线，一直剪到针迹线。朝领子方向压烫接缝。

⑧ 将折叠后和修剪过的上领片边缘用别针别在做缝上，使折叠与针迹线相合。

⑨ 以短而松的暗缝针迹将折叠边缘缝到接缝线上。

# 什么是腰头？

　　由于腰头支撑整件衣服，所以腰头的外缘整理必须牢固和坚实。裙子和裤子的腰头基本上沿织物的纵向纹理裁剪，那样伸缩量最小。用衬头、双层料并缝入腰围线边缘，将做缝封住，从而加固腰头。

　　多数腰头在衣服反面要向下翻折边缘。操作较快，蓬松度较小的方法是改变裁剪纸样的排料，让腰头的一条长边缘位于布边上。因为布边不脱散，所以不必向下翻折边缘。如采用这种方法，完全可用机器缝制腰头。为进一步消除蓬松，可用轻薄织物或罗缎带作为厚实织物腰头的贴边。

　　腰头应足够长。其长度应包含适当的放松和搭接所需的量，等于腰围尺寸加7厘米。添加的量中包括供放松用的1.3厘米、做缝3.2厘米和供搭接用的2.5厘米。宽度应为腰头净宽度加做缝3.2厘米后再乘2。

# 怎样缝制腰头（布边法）？

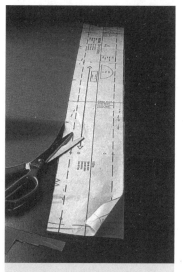

① 沿纵向纹理裁剪腰头，将一条长裁剪边置于布边上。

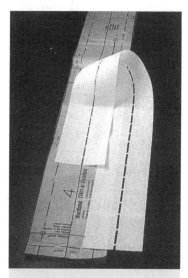

② 按裁剪纸样剪一节热熔腰衬头。在针迹线处剪去端头，这样衬头不会伸入做缝。

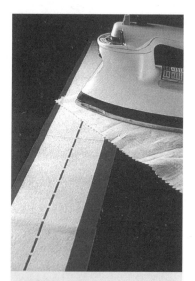

③ 将衬头热熔到腰头上，衬头较宽的一边朝向布边。衬头应放在合适位置上，要保证有剪口的一边留有1.5厘米的做缝（在布边一侧的做缝较窄）。

④ 将腰头有剪口的一边的正面用别针别到服装的正面，对齐剪口。缝制一条1.5厘米宽的做缝。

⑤ 向上翻起腰头，朝腰头方向压烫做缝。

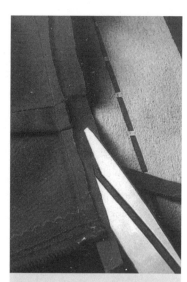

⑥ 将腰头上的做缝修剪至6毫米宽，服装上的做缝修剪至3毫米宽，使做缝形成坡度以消除蓬松。

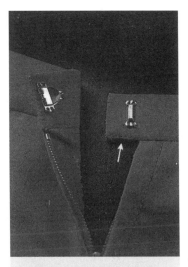

⑦ 沿衬头中心折叠线折腰头，将腰头的反面翻在外面。在两端头分别缝1.5厘米的缝。将做缝修剪至6毫米宽。斜对角修剪拐角。

⑧ 将腰头正面翻出。在下搭接片上（如上图箭头所示）将布边对角剪开至拐角（见图中1）。将做缝从下搭接片的边缘至豁口底向上折入腰头（见图中2）。以一定角度将剪开的拐角折起。

⑨ 用别针将腰头边缘别住。在服装正面，腰围接缝沟里缝制或在接缝向上6毫米处缝表层针迹。缝制时要把布边缝入。采用在沟里缝制的方法时就用边缝针迹缝住下搭接片的下边缘（如上图箭头所示）。

## 什么是折边？

除了装饰性折边，折边在正面应该几乎看不见。采用与织物色泽相同或略深一点的线缝折边。

手工缝折边时，每一针迹从外层织物只挑1股或2股纱线。缝折边时，线不能拉得过紧，否则折边看起来皱皱巴巴的。压烫要仔细，过分压烫会沿折边边缘产生一条突脊。

折边的宽度取决于织物和服装的样式。平直服装的折边宽度可达7.5厘米，而喇叭口形的服装折边宽度为3.8～5厘米。透明薄织物，无论服装是什么样式，通常都采用狭窄的卷边。在柔软的针织织物上，一条狭窄的折边能使针织织物不产生弛垂现象。机器缝制和用表层针迹缝制的折边既牢固又经久。

缝折边前，让服装悬挂24小时，尤其是那些有斜折边或圆形折边的服装。试穿一下欲配套穿着的上、下装，看看上装是否与下装相配、上装的悬垂情况是否合适。如果该下装需系腰带，那试穿时要穿上鞋并系上腰带。

折边线通常要由另一个人帮助用别针或码尺作标示。沿服装用别针或画粉标示折边线，保证地面到折边线的距离均等。以正常的姿态站立，让助手沿着折边标示折边线。折叠折边，并用别针别住。在全身穿衣镜前试穿服装，再次检查折边是否与地面平行。

裤子的折边不能像裙子或衣服那样，要依据折边与地面的距离而定。因为标准长度的裤子，在前面，裤脚应垂落在鞋子上，在后面，裤脚则稍稍向下滑落。用别针将两只裤脚的折边别住，在穿衣镜前试穿，检查长度是否合适。

缝制前，整理折边的毛边，以免织物脱散，也给折边针迹定位。选用对织物和服装都合适的折边整理并缝制。

在机织和针织织物上采用机制暗缝针迹能缝制出牢固的折边，许多缝纫机内都装了此种针迹。专用压脚或针迹导向器有助于缝暗缝针迹。

羊毛织物、粗花呢或亚麻织物这类易脱散的织物采用接缝滚条或花边整理较为合适。在织物正面，让接缝滚条与折边边缘搭接6毫米。用边缝针迹将滚条缝到位，在接缝线处两端头搭接。直折边采用机织接缝滚条，而弧形折边和针织织物采用弹性花边。轻薄或中等厚度的织物用之字形针迹缝折边，而蓬松织物则用暗缝针迹缝折边。

# 如何进行折边整理和缝制？

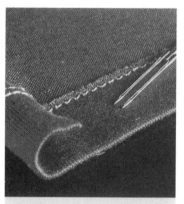

缝制表层针迹的折边，将毛边整理和服装折边一步完成。向上折折边，宽度为3.8厘米，用别针定位。对于易脱散的织物，用齿边布样剪刀修剪毛边或向下翻折毛边。在正面，相距折叠边缘2.5厘米处缝制表层针迹。上图中，另一道表层针迹是图案花纹的一部分。

双针缝制的折边适用于针织织物和便服。双针缝制在正面会留下两行紧挨着的平行针迹；在反面则为之字形一类的针迹。向上翻折折边达所需宽度。在正面，利用接缝导向器缝制，缝透两层织物，然后剪去多余的折边做缝。

之字形针迹整理适用于针织织物和易脱散的织物，因为针迹会随着织物伸缩而伸缩。用中等宽度和长度的之字形针迹紧挨毛边缝制，紧挨针迹修剪。用暗针针迹、暗之字形针迹或机制暗缝针迹缝折边。

翻折并缝制整理适用于机织轻薄织物。向下翻折毛边6毫米，靠近折叠边缘缝制，折边采用短而松的暗针针迹或暗之字形针迹。

滚边折边整理适用于厚实的羊毛织物或易脱散的织物。用双折斜纹带或香港式滚边整理，处理折边的毛边。用暗针针迹或暗之字形针迹缝折边。注意，不能将折边缝线抽得太紧，否则织物会起皱。

锯齿形热熔黏合折边对于轻薄机织织物是一种快捷、易操作的整理。在折边和服装之间放置一条条状热熔纤维网，遵照使用说明进行蒸汽压烫。多数热熔纤维网需要蒸汽压烫15秒钟可获永久性粘接效果。

# 怎样翻折折边？

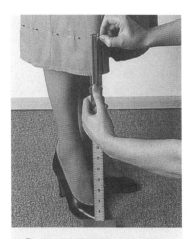

① 用别针或画粉及码尺或裙子标示器标示服装与地面的距离。可让试衣者原地转圈，这样你就不必改变位置或姿势。每隔5厘米作一个标记。

② 将折边做缝修剪掉一半以减少蓬松。只需修剪服装底边到折边针迹线之间的做缝。

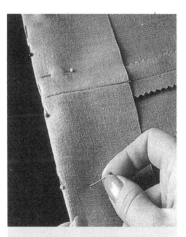

③ 沿标示线向上翻折折边，以相等的间隔别别针，让别针与折叠成直角。试穿服装查看长度。

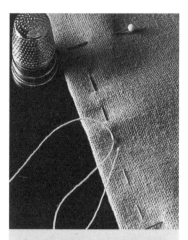

④ 在距折叠边缘6毫米处缝制手工疏缝。轻轻压烫边缘，放松折边使其与服装相配。

⑤ 测量和标示折边，折边宽度按需留出，加放6毫米供边缘整理用。在熨烫板或熨烫桌上操作，利用接缝规以保证均匀标示。

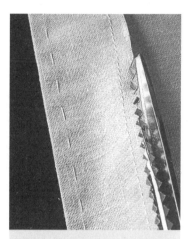

⑥ 沿标示线修去多余的折边做缝。按照织物类型采用合适的毛边整理。将整理后的边缘用别针别到服装上，对齐接缝和中心线。

# 怎样缝制弧形折边？

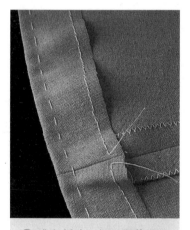

① 准备折边，但不用整理毛边。弧形折边有额外的丰满度，所以必须放松，使折边与服装相配。减小缝纫机张力，距边缘6毫米处缝松弛针迹，以一条接缝线作为起点和止点。

② 隔些距离用别针将底线挑出，成圆环，以此收紧底线，放松丰满度，使折边平滑地与服装形状相配。收缩折边切勿过分，否则折边会牵扯服装。在压烫手套上压烫折边能消除一些丰满度。

③ 用之字形针迹、斜纹带、接缝滚条或锯齿切裁法整理毛边。用别针将折边边缘别到服装上，对齐接缝和中心线。采用机制暗缝针迹或合适的手工折边针迹缝折边。

# 怎样缝制暗缝针迹？

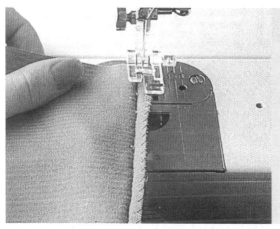

① 准备折边线。在距毛边6毫米处，用手工疏缝将折边缝到服装上。把缝纫机调整到制暗缝针迹位，并装上暗缝针迹压脚。依据织物的厚度和质地选择之字形的宽度和针迹的长度。缝进服装的针迹可在1.5～3毫米进行调整。

② 将折边做缝朝下放在缝纫机送布牙上，沿疏缝线将大片服装向后折叠，让松软的折叠靠着压脚的右边（如左图箭头所示）。有些缝纫机采用普通的之字形针迹压脚附带一个暗缝针迹折边导向器。

③ 紧挨折叠沿折边缝制，只让之字形针迹缝入服装。缝制时，将折边边缘牵成一直线，让松软的折叠靠着折边压脚的右边或导向器的边缘送入。打开折边并压烫平整。

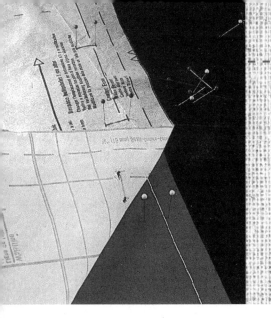

# 闭合辅件

通常人们把拉链、纽扣、揿纽、衣钩及钩眼看作最不引人注意的东西，但是有时这些东西则被用作装饰小件，式样新颖的纽扣、色彩鲜艳的拉链或珍珠般大揿纽都能展示一种特定的样式。

依据服装的样式和在服装的前襟加多大的张力挑选闭合辅件。例如，搭钩及襻比普通的领钩及钩眼更能承受裤腰上的张力。裁剪纸样封套的背面注明了要购买的闭合辅件的类型和大小。

由于闭合辅件都要承受张力，所以加固服装上装闭合辅件的部位是很重要的。做缝或贴边能起到轻度加固作用。其他闭合区域应用衬头加固。

用通用线盒尖头、长度中等的缝衣针或绒线刺绣针将纽扣、揿纽、衣钩及钩眼等缝到服装上。对于厚实织物，或要承受相当大张力的闭合辅件，应采用粗实的或缝表层针迹和锁纽孔的线。

## 什么是搭钩及襻？

搭钩及襻是结实的闭合辅件，有几种类型。普通的通用搭钩及襻（钩眼）分为0号（细）到3号（粗），经发黑处理，它们有的呈直眼；在两条边缘交会处，如居中的拉链上方领圈，用圆眼。在柔软织物上或金属眼过分显眼的部位可用线环和穿带襻，只是基底针迹线要长些。

搭钩和襻比普通的衣钩和钩眼结实，能承受更大的张力。搭钩和襻亦经发黑处理，只用在服装搭接处。外套和夹克衫上可用大、平、包覆了的搭钩和襻，这种搭钩和襻非常美观，且非常结实。

# 怎样装腰头搭钩和襻?

① 将搭钩放在腰头搭接部分的下侧，距里侧边缘约3毫米处。穿过每个孔眼缝3针或4针，将搭钩定位。定位针迹勿缝透到服装的正面。

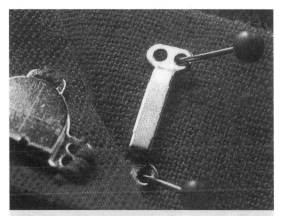

② 将搭钩一侧重叠到下搭接件上以标示襻的位置，将直别针插入孔中标示位置。每个孔缝3针至4针，将襻定位。

③ 圆领钩和钩眼用于不搭接的腰头。如同给搭钩定位一样，将圆领钩置于恰当位置。穿过两个孔和在钩子的端头缝几针定位。将钩眼放置在稍稍位于织物里侧边缘上方的位置上（服装的边缘应对接），缝几针将钩眼定位。

# 怎样制作线环扣眼?

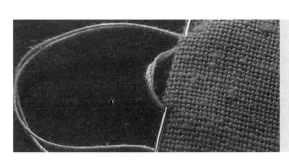

① 用针引双股线穿过织物边缘，缝两道基底针迹，长度按扣眼的需要定。这些就是支撑点，在基底针迹线上可缝制毯子边锁缝针迹。

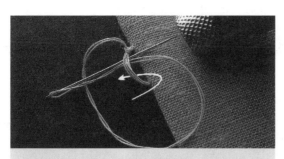

② 使针眼从基底针迹线下面和线环中穿过，缝制毯子边锁缝针迹。

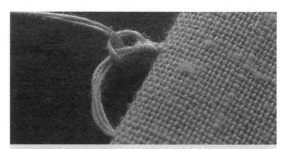

③ 使针穿过线环，抽紧线环使其扣住基底针迹线。沿基底针迹线全长缝毯子边锁缝针迹。

④ 缝两针短小的回针针迹以便拴住针迹线，修剪掉线头。

# 纽孔

缝制得好的纽孔应达到以下标准：

① 宽度与织物的厚度及纽孔的大小适宜。

② 端头经锁眼缝迹加固，防止纽孔在受力时被撕破。

③ 在纽孔两侧针迹均匀分布。

④ 纽孔比纽扣长3毫米。

⑤ 纽孔两侧的针迹间距离足以保证纽孔剪开时针迹不会受损。

⑥ 偶尔也有不剪开端头的情况。

⑦ 支撑纽孔的衬头与流行织物相配，在剪切边缘处衬头不能显露。

⑧ 纽孔顺着纹理。直纽孔完全与服装边缘平行；横纽孔与边缘成直角。

横纽孔最牢靠，因为纽扣不易滑出横纽孔。横纽孔也吸收闭合辅件所承受的拉力，只是纽孔略微扭曲。横纽孔应朝服装的边缘伸展直至超出纽扣位置标示线3毫米。从中心线到服装经整理的边缘的间隔应该至少为纽扣直径的3／4。有这样一段间距，服装门襟扣上时，纽扣就不会伸出服装边缘。

直纽孔用在袖叉、裙叉上和衬衫领或袖的衬布上。直纽孔通常与较小的纽扣相配，使闭合牢靠。直纽孔直接缝制在前或后中心线上。服装扣上后，纽扣位置线应与两侧中心线相匹配。如果搭接部分多于或少于裁剪纸样的规定，服装可能不合身。

纽孔间的距离一般相等。如果裁剪纸样更改过，总长度或胸围线变动过，那纽孔间的距离也要作相应的变动。如果选用的纽扣比裁剪纸样上规定的大或小，就必须调整纽孔间的距离。纽孔通常应位于张力最大的区域内。如果纽孔位置不合适，间距不当，闭合部分就会豁开，破坏服装的外观。

对于前门襟，纽孔位于颈部和胸部最丰满处。对于外套、女式长罩衣以及有公主线缝的连衣裙或夹克衫，在腰部开一纽孔。为减少蓬松，对于打褶上衣或腰带连衣裙，在腰围线处勿开纽孔。最低一颗纽扣和纽孔应位于距连衣裙、裙子或开襟明纽女式长衣服的折边12.5～15厘米处。

为了使纽孔均匀地分布，可标示出最高和最低两颗纽扣的位置。测量这两颗纽扣间的距离，测得的值被待用的纽扣数减1除，所得商即纽孔间的距离。标示后，试穿一下服装，确保纽孔的位置与你的体型相宜。可按具体需要作调整。

# 怎样确定纽孔长度？

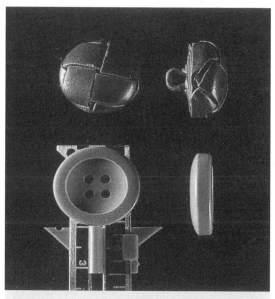

测量待用纽扣的宽度和厚度。这两个测得值之和加上3毫米（纽孔端头整理留量）即为机制纽孔的合适长度。纽孔大小必须保证纽扣扣起来方便，又有足够的贴合度，同时保证服装能稳稳地扣牢。

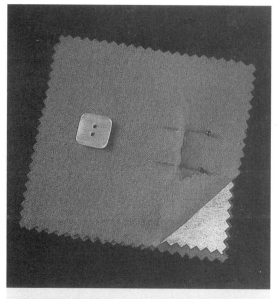

试做待缝制的纽孔。先在织物碎片上剪一切口，长度为纽孔长度减去3毫米。如果纽扣容易穿过该孔，长度就合适了。下一步，在服装、贴边和衬头上缝制纽孔。检查长度、针迹宽度、针迹密度和纽孔间的距离。

# 怎样标示纽孔？

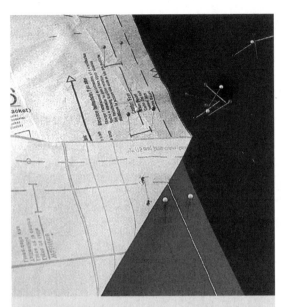

将裁剪纸样图放在服装上面，把裁剪纸样上的接缝线与服装门襟边缘对齐。在每个纽孔标示线的两端头垂直插入别针，让别针穿透裁剪纸样和织物。将裁剪纸样从别针头上方拉出，仔细去除裁剪纸样。

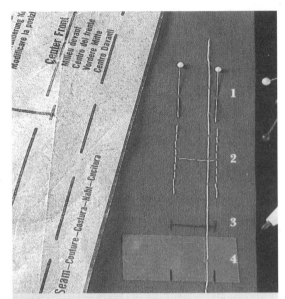

用下列方法之一标示纽孔：安全别针（见图中1），在别针之间及沿端头机缝或手缝疏缝针迹（见图中2），用水溶性标记笔（见图中3），在别针上方粘一条胶带，用笔标示出纽孔长度（见图中4）。注意先试一下，以保证胶带不会损坏织物。

# 如何机制纽孔？

机制纽孔适用于多数服装，尤其是便服或定制服装。机制纽孔有4种类型：内含功能缝制的（通常二步或四步）、包缝的、一步缝制的和通用附件缝制的。在服装上缝制纽孔前，一定要用合适的衬头先试制一下。试制纽孔时，就可确定缝纫机锁纽孔的始点，以便将织物放到合适的位置。

① 内含功能缝制的纽孔是将之字形针迹和锁眼缝迹组合。多数缝之字形针迹的缝纫机都内含可分二步或四步缝制这类纽孔的机构。四个步骤为：之字形向前针迹；锁眼缝迹；之字形向后针迹；锁眼缝迹。二步操作锁纽孔是将一向前或向后的动作与锁眼缝迹组合。参看缝纫机使用说明书以获取一些专用操作说明，因为各种缝纫机都有专用操作法。此种纽孔的优点是你可以调整之字形针迹的密度以适合织物和纽孔的尺寸。在蓬松或织造疏松

的织物上用较稀的之字形针迹，而在轻薄透明或柔软的织物上用较密的针迹。

② 包缝纽孔是内含功能制的纽孔或一步缝制的纽孔的改型。包缝纽孔先缝窄之字形针迹，剪开孔后再缝一次，所以剪切边缘被之字形针迹包住。包缝纽孔看起来像手工锁的纽孔，如果衬头与流行织物的颜色不太相配，采用包缝纽孔最佳。

③ 一步缝制的纽孔利用一种专用压脚和有些缝纫机中内含的之字形针迹在一步操作中完成。一步缝制的纽孔可用标准宽度的之字形针迹缝，对轻薄织物可用窄之字形针迹。纽扣放在附件后面的纽扣架上，起导向作用，使纽孔能完全与纽扣相配。当纽孔达到所需长度，在机针附近的杠杆就落下，使缝纫机停止工作。因所有的纽孔长度一致，所以唯一需要标示的是位置。

④ 通用附件缝制的纽孔是用一个能装到各种类型包括直针迹缝纫机上的附件来完成操作的。此附件含有一量规，能确定纽孔的大小。此种方法也具有纽孔长度一致，之字形针迹宽度可调的优点。定制的服装或厚实织物上用的钥匙孔形纽孔可以用此附件缝制。在纽孔一端的钥匙孔形为纽扣的脚提供空间。

如果纽孔的位置并不因为裁剪纸样的更改而要调整，可在装上并整理贴边后，与另一块衣片缝合前缝制纽孔，这样在机器上要处理的蓬松度较小，织物较轻。

# 怎样缝制纽孔？

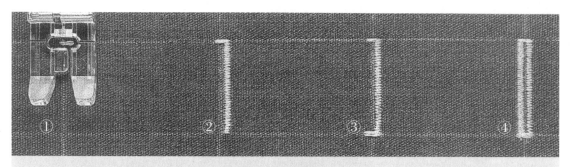

将织物置于锁纽孔压脚下，起点和机针对齐，压脚中心位于中心标记的上方（上图中4步分开，但缝制操作是连续的，每一步都要把缝纫机调整到新的操作定位上），然后分为4步：①将度盘或杠杆装到第一步上，缓慢地在端头缝3或4针形成锁眼缝迹。②缝一侧。有些缝纫机先缝左侧，有些则先缝右侧，只需缝到标示的端头。③在端头来回缝3或4针形成另一条锁眼缝迹。④缝另一侧，完成纽孔。缝至第一条锁眼缝迹即停止操作，回到起始点缝1或2针扣紧针迹。

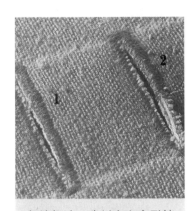

包缝纽孔。先以窄之字形针迹缝纽孔，剪开纽孔并修剪松散纱线。重新将纽孔准确定位，调整加大之字形针迹宽度，再次锁纽孔，让之字形针迹包住纽孔剪开的边缘。

一步缝制的纽孔。将纽扣放在附件架上，参看缝纫机说明书查找合适的针迹类型。制成的纽孔长度合适了，缝制操作会自动停止。剪开纽孔，再次锁纽孔进行包边整理。

通用附件缝制的纽孔。照说明书所述装上锁纽孔附件，挑选尺寸与纽扣相配的量规。为了加固，使纽孔更结实，沿纽孔再缝一次。

## 怎样剪开纽孔？

① 在纽孔两端的锁眼缝迹前插入直别针，以免剪透端头。

② 将尖头小剪刀或线缝剥离器的尖头插入纽孔中心，小心地向前剪至一端头，然后再剪至另一端头。

③ 在切口边缘涂上防擦散液加固切口边缘防止脱散。可先在试样上试用一下。

# 纽扣

纽扣比任何其他的闭合辅件都能使你的服装个性化。纽扣可起闭合作用，也可起装饰作用。纽扣有两大基本类型：有眼的和有脚的。但是，这两种类型的变化形式则是无穷尽的。

有眼纽扣通常为平的。如果仅作装饰用，纽扣可缝得紧贴着服装。当作其他用途时，有眼纽扣需要有线脚。线脚使纽扣升离服装表面，提供空间使门襟扣上时各织物层能平伏贴合。

有脚纽扣在下侧有自己的脚。厚实织物以选用有脚纽扣为宜，当然，在采用纽扣环或线环时也可采用有脚纽扣。

挑选纽扣时要考虑颜色、样式、重量和养护等方面。

颜色：通常纽扣颜色与织物颜色相配，但协调的颜色或悬殊的颜色都可获得时髦的外观。如果不能找到合适的相匹配的颜色，则可自己制作用本色布包覆的包纽。

样式：女式服装选用小而精美的纽扣；定制服装选用颜色纯净、样式古朴的纽扣；花式纽扣用在儿童服装上；水晶纽扣使丝绒服装更闪闪发光；灯芯绒和粗呢服装上可使用皮革制纽扣或金属纽扣。

重量：重量轻的纽扣与轻薄织物相配，沉重的纽扣会拉扯和扭绞轻薄织物，厚实织物上的纽扣需要大点或看起来重一点。

养护：挑选养护方法与服装的养护方法相同的纽扣。或者可水洗，或者可干洗。

裁剪纸样封套背面通常注明要买多少及多大纽扣。若所买的纽扣比裁剪纸样规定的尺寸小或大，那相差勿超过3毫米。过分小或过分大的纽扣可能与服装边缘不成比例。纽扣尺寸以英寸、毫米表示。

购买纽扣时，带一小块织物样品，以保证颜色匹配。在织物样品上剪一切口，这样，纸板上的纽扣可穿过切口让织物衬在纽扣下面，你也可对该种纽扣在服装上的外观心中有数。

轻薄织物用双股通用线钉纽扣，而厚实织物则用粗实或锁纽孔线钉纽扣。若要钉几颗纽扣，那么双折缝纫线，这样一次就缝四股线，只要两针就可钉牢纽扣。

# 怎样标示纽扣的位置？

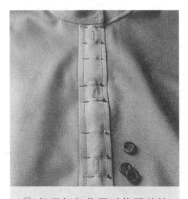

① 标示纽扣位置时将服装的纽孔一侧搭接到纽扣一侧上，对齐中心线。在纽孔之间用别针别住两侧衣片，使其闭合。

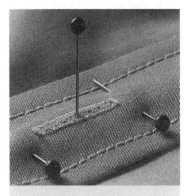

② 插入别针穿透纽孔，直入下层织物。对于直纽孔，别针插在纽孔中心。对于横纽孔，在紧挨服装外缘的那条边缘处插入别针。

③ 小心地将纽孔提升到别针上方，在别针尖处插入穿有线的缝衣针钉纽扣。一次只标示一颗和钉一颗纽扣。将钉牢的纽扣扣起，以便准确标示下一颗纽扣。

# 怎样钉有脚纽扣？

① 剪一节线，长76厘米，把线拉过蜂蜡，增加线的强度。将线对折，引线的折叠端穿过绒绣针，在线的剪端打结。将纽扣放在服装中心线上别针标示处，使脚孔与纽孔平行。

② 在织物正面，纽扣下以短小针迹固定线。引针穿过脚孔，向下插缝衣针入织物，并引线穿过。如此重复，针要穿过脚孔4~6次。

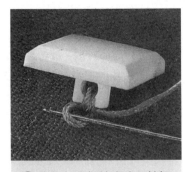

③ 在纽扣下打结或缝几针短小针迹，以便在织物中拴住线头。剪去线端头。如在厚实织物上用有脚纽扣，可能也需要线脚。这里按前文给有眼纽扣缝制线脚的说明操作。

# 怎样用手工钉有眼纽扣？

① 如钉有脚纽扣那样穿针引线，把纽扣放在别针标示位置，使纽扣上的孔眼与纽孔平行。从下面使针穿透织物并一直向上穿过纽扣的一个孔眼，插针入另一孔眼并穿透各织物层。

② 将一根牙签或火柴或一枚缝纫机针插在线和纽扣之间形成脚。在每一对孔眼内缝3或4针。将针和线都引到服装的正面、纽扣的下方，去除牙签。

③ 让线围绕纽扣针迹线缠绕二或三圈以形成脚。在服装正面，纽扣下方打结或缝几针短小针迹固住线。紧挨结子剪断线。

# 怎样用缝纫机钉有眼纽扣？

① 装上钉纽扣压脚和专用针板盖住送布牙或卸下送布牙。用密实的之字形针迹钉纽扣，按照缝纫机使用说明书调整针迹宽度和张力。

② 把纽扣放在压脚下，转动手轮使机针下降，插入一个孔眼的中心，降下压脚。转动手轮直至机针向上升离纽扣至恰好位于压脚上方，插入火柴或牙签以形成脚。

③ 利用之字形针迹宽度调节器将针迹宽度调到与纽扣孔眼间的距离宽度相等，慢慢地操作直到调至正确宽度，缝上6针或更多针。按照缝纫机使用说明书中的指点固住针迹。

## 揿纽

揿纽有如下几种：普通揿纽、拷纽和揿纽带。

普通揿纽适用于张力小的区域，例如，在领口或腰围处，在使用纽扣的同时用揿纽抓住贴边边缘；在罩衣的腰围处，在用搭钩和襻闭合的腰带的尖头端。普通揿纽由两部分组成，一半为球头，另一半为球座。挑选有足够的强度，但对于织物又不过分粗大的揿纽。

拷纽要用专用虎钳或锤子钉到服装上，其抓力比普通揿纽大，并钉在服装正面。在运动服上，拷纽可以代替纽扣和纽孔等辅件。

揿纽带由带子和装于其上的揿纽组成。用装拉链压脚将带子缝到服装上，揿纽带用于运动服上、居家装饰物上、婴儿和学步的小孩的裤子内接缝上。

## 怎样装普通揿纽？

① 将一颗揿纽的球头那一半放在上搭接片的反面，距边缘3~6毫米，这样不会显露在正面。用单股线穿过每个孔眼缝。针迹只穿透贴边和衬头，切勿穿透到服装的正面。缝两针短小针迹以固住线。

② 在下搭接片的正面标示球座那一半的位置。如果在球头那一半的中心有孔，将别针从正面插入孔中直刺入下搭接片。如果球头上没有孔，将裁缝用画粉擦在球头上，然后稳稳地将球头压在下搭接片上。

③ 使球座那一半的中心位于标记上。以缝球头那一半的方法缝球座，只是针迹要穿透各织物层。

# 如何制作拉链?

在后背往下拉,在前面向上拉,在袖子、口袋或裤脚上,拉链不仅起着闭合作用,也体现了各种各样的款式特点。最常用的是普通拉链。普通拉链一端封闭,且缝入接缝。专用拉链有隐形拉链、开尾拉链和重型拉链。

裁剪纸样注明了要买何种拉链及拉链的长度。拉链要挑选颜色与织物十分相配的,也要考虑重量与织物的厚薄是否相宜。轻薄织物选用合成环扣拉链,因为这类拉链比金属拉链重量轻、柔韧性好。如果找不到长度合适的拉链,就买比所需长度稍长一点的拉链,然后将拉链缩短。

装拉链的方法有几种。依据服装的类型和拉链在服装上的位置选用合适的方法。以下介绍了怎样用搭接法、中心对接法或暗门襟法装普通拉链以及装开尾拉链的两种方法,也有这些方法的变通方法。本书所示的方法均又快又方便,其特点是利用了织物粘胶带、透明胶带这类节省时间的工具。

装拉链前,先拉合拉链,烫平皱褶。如果拉链含棉织带,又要装到可水洗的服装上,在装拉链前,要用热水让拉链预缩水。这样,在洗服装时拉链就不会起皱。为美观,在服装表面的最后一道针迹应平直,与接缝的距离应均匀。缝拉链时,两侧都要以底部为起点缝向顶部。向上翻拉襻,使针迹较容易地通过拉链头。

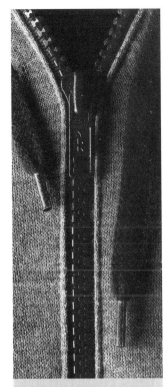

在夹克衫或背心上装开尾拉链时可采用拉链齿遮蔽式或裸露式。装饰性的运动服拉链多用塑料齿,重量轻但坚实,适用于灵便的运动服。

# 如何组成拉链的零件?

顶部止片是位于拉链顶部的小金属固定夹,起挡住拉链头使之不滑出带子的作用。

拉链头和拉襻是操纵拉链的机构。它锁住齿使拉链闭合;或解开齿使拉链打开。

带是装齿或环扣的织物条,要缝入服装。

齿或环扣是拉链的零件,当拉链头沿它们滑过时就被锁住,齿或环扣可为尼龙的、涤纶的或金属的。

底部止片是位于拉链底部的固定夹。当拉链打开时,拉链头就靠在底部止片上。开尾拉链的底部止片可裂成两半,使拉链能完全打开。

# 装普通拉链的方法？

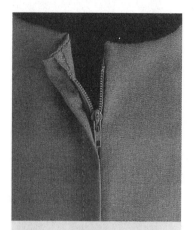

搭接法。将拉链完全遮蔽。此法加大了拉链的选择范围，因为颜色与织物颜色不很相配的拉链也可选用。此法最常用于连衣裙、裙子和裤子的侧缝闭合。

中心对接法。服装的前片中心闭合和后片中心闭合常采用此法装拉链。装拉链前，先装贴边。先装拉链，后装腰头。

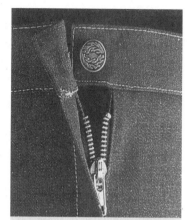

暗门襟法。此法常用于裤子和裙子装拉链，偶尔用于外套、夹克衫。仅在裁剪纸样上规定要用此方法时才用，因为暗门襟法需要更宽的下搭接片和贴边，裁剪纸样上会注明。

# 怎样缩短拉链？

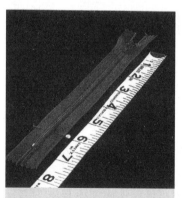

① 以顶部止片为起点沿环扣量出所需长度。用别针作标示。

② 在别针标示处横跨环扣缝之字形针迹，形成新的底部止片。

③ 剪去多余的拉链和带，以通常的方法装拉链，在底部横跨环扣时慢慢地缝。

# 怎样用搭接法装拉链？

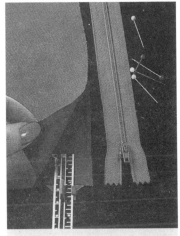

① 把服装翻到反面。检查接缝开口确保顶部边缘齐平，开口长度应等于拉链环扣长度加2.5厘米。从开口底部向顶部用别针别住接缝。

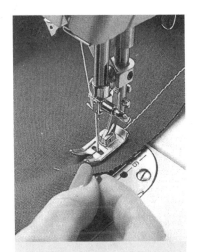

② 从开口底部向顶部沿接缝线机制疏缝，边缝边取下别针。

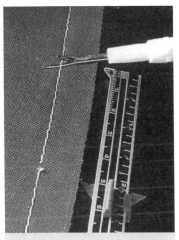

③ 每隔5厘米剪断疏缝针迹，以便装拉链后拆除疏缝时容易些。

④ 将接缝翻开压烫平。如果在裙子或裤子的侧缝里装拉链，请在压烫手套或裁缝用压烫衬垫上压烫接缝以便保持臀围的形状。

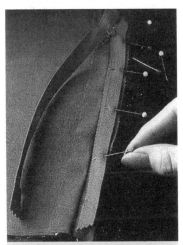

⑤ 拉开拉链。把拉链正面放在做缝右侧（衣服顶部朝向操作者）。让拉链环扣对准接缝线，顶部止片距裁剪边缘2.5厘米。向上翻拉襻，用别针、胶水或胶带将右侧拉链带固定在位。

⑥ 换上装拉链压脚，让压脚位于机针右侧。紧挨着环扣边缘机制疏缝，从拉链底部缝向顶部，让装拉链压脚边缘靠着环扣，边缝边取下别针。

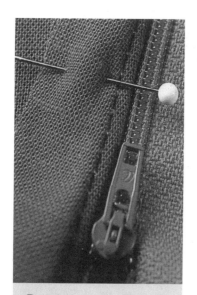

⑦ 闭合拉链，将正面向上。以背着拉链的方向抚平织物，使织物在拉链环扣和疏缝之间形成一条狭窄的折叠。

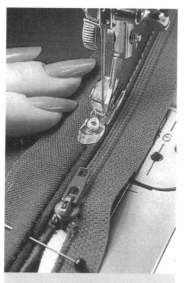

⑧ 把装拉链压脚调整到机针左侧。以拉链带底部为始点，在靠近折叠的边缘处缝，针迹穿透折叠着的做缝和拉链带。

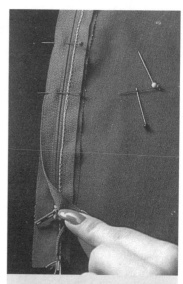

⑨ 把拉链翻转过来，拉链正面正对着接缝。注意，缝针时拉襻要向上翻以减少蓬松。用别针定位。

⑩ 把装拉链压脚调整到机针右侧。以拉链顶部为始点进行机制疏缝，针迹只穿透拉链带和做缝。这为缝最后一道针迹做准备，因为已将做缝定了位。

⑪ 在服装正面距接缝1.3厘米处缝表层针迹。为加固直针迹，采用宽1.3厘米的透明胶带，并沿边缘缝。以接缝线为始点，横跨拉链底部缝，在胶带边缘处转向，继续缝到上裁剪边缘。

⑫ 去除胶带，在拉链底部把线拉向反面并打结，去除接缝中的机制疏缝针迹。压烫，垫上压烫布以免织物发亮。修剪拉链带与衣服的顶部边缘齐平。

# 怎样用中心对接法装拉链（用粘接膏）？

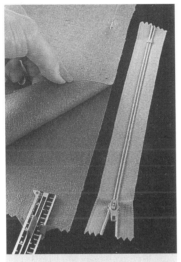

① 把服装翻到反面，检查接缝开口确保顶部边缘齐平。开口长度应等于拉链环扣长度加2.5厘米。

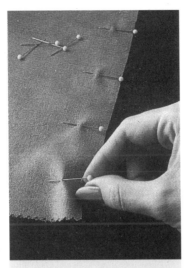

② 从开口底部向顶部用别针别住接缝。

③ 从开口底部向顶部沿接缝机制疏缝。每隔5厘米剪断疏缝针迹，以便拆除疏缝时容易些。

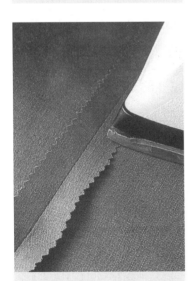

④ 翻开接缝，压烫平。如果织物易脱散则整理毛边。

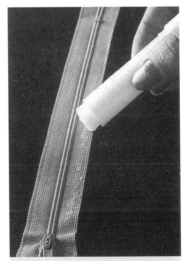

⑤ 在拉链的正面，轻轻地涂上粘接膏。

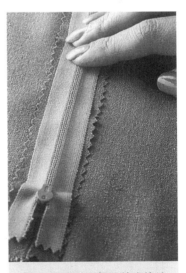

⑥ 将拉链正面朝下放在接缝上，拉链环扣正位于接缝线上，顶部止片距裁剪边缘2.5厘米（保持拉襻上翻）。用手指压使拉链固定，让粘接膏干燥几分钟。

⑦ 平展服装，正面朝上。用别针标示拉链的底部止片。将透明胶带或穿孔的标示带（1.3厘米宽，长度与拉链长度相同），放在接缝线的中心。起绒织物或柔软织物上勿用胶带。

⑧ 换上装拉链压脚，让压脚位于机针左侧。在衣服正面拉链上缝表层针迹。在接缝上以胶带底部为始点，横跨拉链底部缝。在胶带边缘处转向，并在拉链左侧一直向上缝到上裁剪边缘，以胶带边缘为导向。

⑨ 把装拉链压脚调整到机针右侧。在接缝上以胶带底部为始点，横跨拉链底部缝。转向并在拉链右侧一直向上缝，以胶带边缘为导向。

⑩ 将在拉链底部的两根线头拉向反面。把4根线头扭在一起打结，用别针将结拉得紧挨着拉链，修去线头。

⑪ 把服装翻到正面，去除胶带，并仔细去除接缝线中的机制疏缝。

⑫ 压烫，垫上压烫布以免织物发亮。修剪拉链带，使其与服装的顶部边缘齐平。

# 怎样用暗门襟法装拉链?

① 在正面用手缝疏缝针迹或非永久性的标记（见图中1）标示拉链表层针迹线。缝制前裆缝，在标记处缝回针针迹作为拉链开叉端（见图中2）。机制疏缝（见图中3），每隔2.5厘米剪断疏缝针迹。剪去门襟贴边（见图中4）以下的做缝。翻开贴边压烫平。

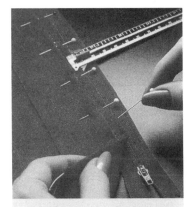

② 向下折叠右侧门襟贴边（上边缘朝向操作者）6~1.3厘米。让折叠边缘沿着环扣，拉链顶部止片距上边缘2.5厘米，用别针或疏缝定位。

③ 换上装拉链压脚，让压脚位于机针左侧。紧挨着折叠缝，以拉链底部为起始点。

④ 让拉链正面朝下叠合在左侧门襟贴边上。向上翻拉襟，以消除蓬松。把装拉链压脚调整到机针右侧，以拉链顶部为起始点制缝，让针迹穿透拉链带和门襟贴边，距拉链环扣6毫米。

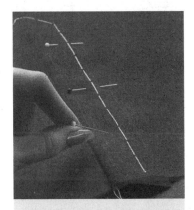

⑤ 平展服装，反面朝上，将伸出的左门襟用别针别到服装前片。将服装翻到正面，再次用别针将门襟贴边别住。从里面取下别针。

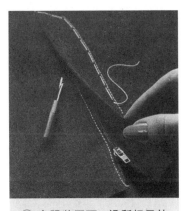

⑥ 在服装正面，沿所标示的表层针迹线缝，装拉链压脚应在机针右侧。在接缝上以拉链底部为始点一直缝到衣服顶部，边缝边取下别针。把线头拉向反面打结，去除疏缝和标记。垫上压烫布压烫。

## 怎样装遮蔽式开尾拉链?

① 用疏缝胶带、别针或胶水将闭合的拉链固定在装有贴边的对襟边缘下,拉链正面朝上,让拉襟位于领口接缝线下3毫米处。对襟的边缘必须在拉链的中心相会,遮盖住拉链齿。

② 拉开拉链,在衣服顶部将拉链带的端头向下折叠,用别针定位。

③ 分别在距对襟边缘1厘米处缝表层针迹,针迹穿透织物和拉链带。两边分别从底部缝向顶部,把装拉链压脚调整到拉链的一侧。

## 怎样装裸露式开尾拉链?

① 用别针将装有贴边的对襟边缘别到闭合的拉链上,对襟边缘应挨近,但不要遮盖住拉链齿,拉襟距领口接缝线3毫米。

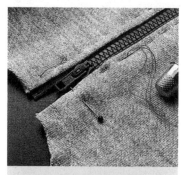

② 用疏缝针迹将拉链定位,拉链带的端头伸出领口接缝线。如果贴边已装,则将拉链带端头在服装顶部向下折。然后拉开拉链。

③ 在服装正面,用装拉链压脚,紧挨着对襟边缘缝表层针迹,两边分别从底部缝向顶部。为使拉链带平伏,两边分别在距第一条针迹6毫米处再加缝一道针迹。